国家自然科学基金资助项目“基于低精度定位数据的城市尺度时空行为可识别性研究”：批准号 41771168
同济大学本科教材出版基金资助
高校城乡规划专业规划推荐教材

多代理人模拟：原理及城市规划应用

朱 玮 编著

中国建筑工业出版社

图书在版编目（CIP）数据

多代理人模拟：原理及城市规划应用 / 朱玮编著 .—北京：中国建筑工业出版社，2018.7（2024.6 重印）
高校城乡规划专业规划推荐教材
ISBN 978-7-112-22325-1

Ⅰ.①多… Ⅱ.①朱… Ⅲ.①城市规划－计算机模拟－高等学校－教材 Ⅳ.① TU984-39

中国版本图书馆 CIP 数据核字（2018）第 123618 号

本书共分为 10 章，包括多代理人模拟与城市规划、NetLogo 体验、NetLogo 模型设计基础、模拟环境、模拟网络、参数标定及系统动力学、作为理论验证的工具——中心地理论在 NetLogo 中的实现及验证、作为模型验证的工具——基于 NetLogo 的商业街消费者行为模型验证、作为情景预估的工具——基于 NetLogo 的上海市域零售业中心体系展望、作为规划设计的工具——基于 NetLogo 的大型展会规划与管理优化等内容。同时，本书包含了模拟实例，能够强化读者对内容的理解和掌握。

本书既可以作为高等院校城乡规划专业教材，亦可为相关领域的管理及技术人员提供参考。

为更好地支持相应课程的教学，我们向采用本书作为教材的教师提供教学课件，有需要者可与出版社联系，邮箱：jgcabpbeijing@163.com。

本书配有若干练习文件，本书的配套资源下载流程：中国建筑工业出版社官网 www.cabp.com.cn →输入书名或征订号查询→点选图书→点击配套资源即可下载（重要提示：下载配套资源需注册网站用户并登录）。

责任编辑：杨 虹 牟琳琳
责任校对：张 颖

高校城乡规划专业规划推荐教材
多代理人模拟：原理及城市规划应用
朱 玮 编著
*
中国建筑工业出版社出版、发行（北京海淀三里河路9号）
各地新华书店、建筑书店经销
北京雅盈中佳图文设计公司制版
建工社（河北）印刷有限公司印刷
*
开本：787×1092毫米 1/16 印张：12¼ 字数：254千字
2019 年 6 月第一版 2024 年 6 月第二次印刷
定价：56.00元（赠课件及配套资源）
ISBN 978-7-112-22325-1
（32183）

前言

多代理人模拟（Multi-Agent Simulation）是一种通过计算机模仿现实世界中的个体之间、个体与环境之间交互的技术，在解决复杂、非线性问题上具有独特的优势。从 1990 年代开始，随着计算机技术的发展，多代理人模拟迅速渗透到众多的应用领域。然而，在城市规划领域，应用多代理人模拟的研究多只见于学术期刊，相关实践面向公众的机会很少，因此鲜有系统讲授多代理人模拟技术及其如何与规划结合的书籍。希望本书对弥补这些不足有所贡献。

使用多代理人模拟技术需要具备编程技能，这往往成为城乡规划专业学生、研究者和实践者的忧虑，这是完全没有必要的！多代理人模拟技术的具体实现方式很多，本书介绍的 NetLogo 是一个学习门槛很低，同时学习曲线很高，即很容易掌握的一个多代理人模拟软件。其语法简单、直观、灵活，对问题的适应性强，对于规划研究者和实践者来说，是一个解决复杂规划理论和实践问题的得力工具。我就曾经从构思问题，到开发 NetLogo 程序，再到实验并产出具有学术质量的结果，只花了一个星期的时间。我们也曾用它开发人流模拟软件，用来支撑和优化实际规划项目，本书的下篇将介绍这些经验。

多代理人模拟对于规划教育有着很大的潜力。我从 2013 年开始尝试在同济大学城乡规划专业本科课程中讲授 NetLogo，并逐步开设了一门“城市模拟与规划”课，取得了很好的教学效果。学生不仅快速掌握了基本模拟技术，而且在程序设计选题和问题解决手法上均有很多创新，感到锻炼了逻辑思维、动手能力，开阔了规划设计的思路，对城市现象背后的规律性也有了更深刻的认识，对新方法在城市规划实践中的作用寄予很多期望。其中最重要的原因是，NetLogo 提供给他们一个创造的平台，打开了一片天地。

对于非规划专业的人员，本书亦可作为了解多代理人模拟和学习 NetLogo 基础技能的练习书和参考书，相信其中的思路和技巧亦能对这些读者有所启发。

本书能够面世，首先感谢同济大学城市规划系王德教授的支持，他从其宝贵的课时中调剂一些给我用作多代理人模拟教学实验，让我逐渐积累了教学经验和信心。同时感谢同济大学城市规划系杨贵庆教授、耿慧志教授给予我课程开设和培育上的支持和关心。我也从学生那里得到了很多的帮助和启发。硕士生张乔扬做了很多富有探索性的程序开发；硕士生魏晓阳参与了书稿的整理工作。最后感谢所有参与了本教学的本科生们，他们的一些有趣而富有创新的成果成为本书的素材，这是对教学相长的一个最好阐释。

朱玮

2017 年 10 月

目录

下篇 NetLogo 的规划应用

0

多代理人模拟与城市规划

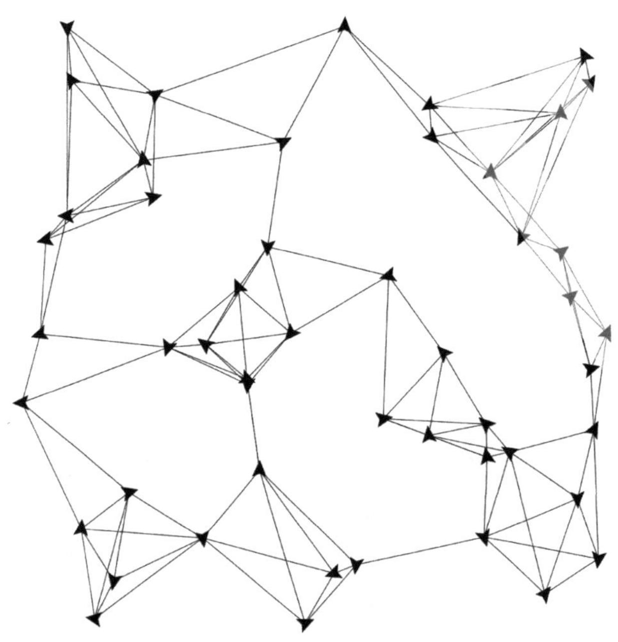

0.1 什么是模拟

模拟，又称仿真，指利用模型复现实际系统中发生的本质过程，并通过对系统模型的实验来研究存在的或设计中的系统。当所研究的系统造价昂贵、实验的危险性大或需要很长的时间才能了解系统参数变化所引起的后果时，模拟是一种特别有效的研究手段。

模拟技术得以发展的主要原因，是它所带来的巨大社会经济效益。1950 年代和 1960 年代模拟主要应用于航空、航天、电力、化工以及其他工业过程控制等工程技术领域。在航空工业方面，采用模拟技术使大型客机的设计和研制周期缩短 20%。采用模拟实验代替实弹试验可使实弹试验的次数减少 80%。在电力工业方面采用模拟系统对核电站进行调试、维护和排除故障，一年即可收回建造模拟系统的成本。现代模拟技术不仅应用于传统的工程领域,而且日益广泛地应用于社会、经济、生物等领域，如交通控制、城市规划、资源利用、环境污染防治、生产管理、市场预测、世界经济的分析和预测、人口控制等。对于社会经济等系统，很难在真实的系统上进行实验。因此，利用模拟技术来研究这些系统就具有更为重要的意义。

模拟与数值计算、求解方法的区别在于它首先是一种实验技术。模拟过程包括建立模拟模型和进行模拟实验两个主要步骤。模拟技术通过对模型进行调试和计算，并利用测试和计算的结果研究、改进模型的一定方法和技术。它是模型化方法的继续，随着时间数值的增加，一步一步地求解系统动态模型方程。模拟过程中，任何一步计算所得的即时值，都表示在指定时间内已被模型化了的系统状态。这样，在全部时间内就可以通过对系统的动态模型性能的观测来求得问题的解。

模拟工具主要指的是模拟硬件和模拟软件。模拟硬件中最主要的是计算机。模拟计算机（Analog Computer）的人机交互性好，适合于实时仿真。改变时间比例尺还可实现超实时的模拟。数字计算机（Digital Computer）已成为现代仿真的主要工具。混合计算机把模拟计算机和数字计算机联合在一起工作，充分发挥模拟计算机的高速度和数字计算机的高精度、逻辑运算和存储能力强的优点。但这种系统造价较高，只宜在一些要求严格的系统模拟中使用。除计算机外，模拟硬件还包括一些专用的物理模拟器，如运动模拟器、目标模拟器、负载模拟器、环境模拟器等。模拟软件包括为模拟服务的模拟程序、模拟程序包、模拟语言和以数据库为核心的模拟软件系统。除进一步发展交互式模拟语言和功能更强的模拟软件系统外，另一个重要的趋势是将模拟技术和人工智能结合起来，产生具有专家系统功能的模拟软件。

0.2 什么是多代理人模拟

多代理人模拟（Multi-Agent Simulation，MAS；或 Agent-Based Modeling，ABM）是在一个由多个代理人（Agent）和环境所构成的系统中，对代理人之间以及代理人与环境之间交互的模拟。代理人是一个自主的个人或者物件，其具有特定的属性、行为，甚至目标。环境是代理人所处的空间，可以代表实在的地理空间，也可以代表虚拟的网络空间等。代理人之间、代理人与环境之间的交互可以非常复杂，可以随时间演化，包括在特定时间决定采用哪种交互的策略。交互伴随着信息交换，其结果是代理人和环境的状态得以更新，或采取进一步的行动。

例如，模拟由狼群、羊群、草地构成的多代理人系统（图 0-1），狼和羊就是代理人，草地就是环境。狼和羊在草地上随机地移动（代理人行为），相遇时，狼吃掉羊（代理人交互），获得能量（代理人属性），羊即死亡（代理人行为）；羊通过吃草（代理人 - 环境交互）获得能量；草可再生（环境行为），狼和羊亦可根据能量进行繁殖（代理人行为）。模拟这个多代理人环境即可动态地观察在特定参数设定下，这个虚拟生态系统的演化过程。

一个多代理人系统具有以下特性：①自主性，代理人是独立的个体（至少是部分独立的），拥有个体属性，能够自我感知、判断决策、采取行动；②局部性，代理人不具有全局视野，也不能获得所有的信息，通常只与其“邻近”的代理人或者环境交互，这里的邻近可以是空间上的接近，亦可以是联系上的紧密；③分散性，代理人各自行事，没有一个专门掌控全局的代理人；④涌现性（Emergence），系统的

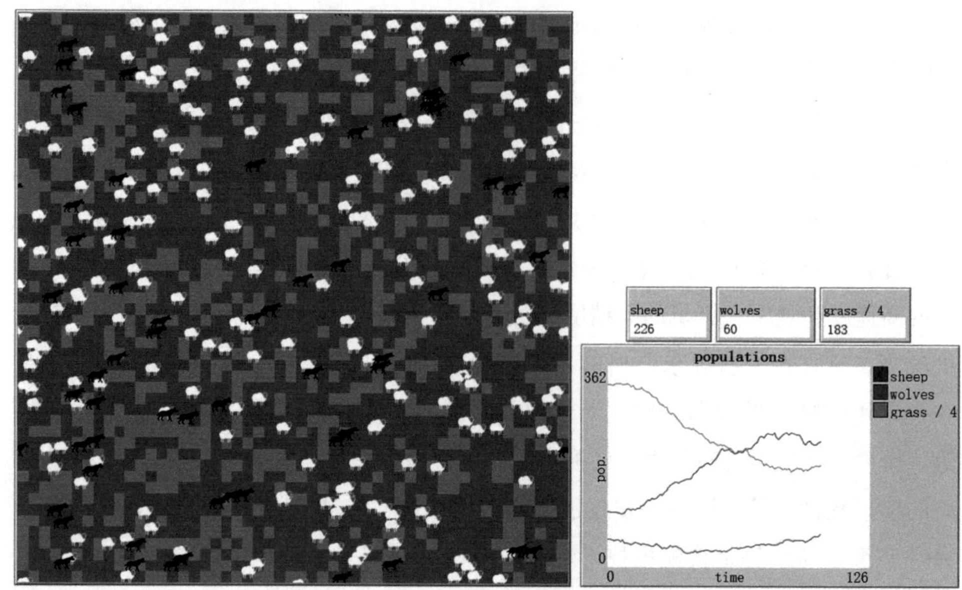

图 0-1　狼、羊、草地构成的多代理人系统

（来源：NetLogo 模型库）

整体属性、行为、结构经由代理人之间、代理人与环境之间的交互而显现，但代理人本身并不具备这样的整体属性、行为和结构，就如狼和羊的动态平衡并不是个体狼和羊的行为机制。涌现是复杂系统（Complex System）理论中的核心概念，因此，多代理人系统也是一种复杂系统。

多代理人系统的这种特性，使得多代理人模拟相比于基于方程的模拟（Equation-Based Simulation，EBS）具有一些显著的优势：① MAS 可以模拟异质性很高的群体，而 EBS 通常必须假定模拟对象的同质性；② MAS 不需要用户知道个体行为导致的全局结果是怎样的，只需要知道代理人及环境的行为规则，这些规则可以很简单，甚至仅仅来自于常识；而 EBS 要求用户对整体行为及其规律有很好地理解，通常需要较高的数学概括、推演和表达能力；③有趣的是，正因为 MAS 的规则简单明确，用户可以设定很多不同的规则，建立复杂的动态系统；而 EBS 因为方程模型在形式、可解性等方面的限制，不得不对模型加以假定、简化而导致更多失真；④ MAS 可以方便地纳入各种形式随机过程，而 EBS 模型往往是决定性的，或者推导随机过程的结果，但只能限于几种便于积分的概率分布；⑤通过 MAS，可以同时考察系统整体的行为以及单个代理人的行为。不过 MAS 的一个相对劣势就是运算量较大，模拟成千上万的代理人行为来考察涌现的集合现象的计算成本，远高于求解一个微分方程。另一个缺点就是需要掌握的模型参数可能较多，验证模型可靠性的要求更高；而 EBS 模型更加简洁，因为假定或忽略了一些中间的过程。总的来说，多代理人模拟更加适用于解决具有高度异质性的复杂问题。

0.3 多代理人模拟是如何发展的

多代理人模拟的理念出现在 1940 年代后期，但由于需要密集的计算，直到 1990 年代才开始普及。

多代理人模拟的历史可以追溯到冯·诺依曼机器（The Von Neumann Machine），该机器遵循精确的详细说明来制作自己的副本。诺依曼的朋友斯坦尼斯瓦夫·乌拉姆（Stanislaw Ulam）建议将机器构建在图纸上，作为网格上的单元格集合；诺依曼基于此创造出了第一个后来被称为元胞自动机（Cellular Automata，CA）的设备。数学家约翰·康威（John Conway）在此基础上构建了著名的“生命游戏”（Game of Life），它在一个二维棋盘形式的虚拟世界中以极其简单的规则运行。托马斯·谢林（Thomas Schelling）的隔离模型是最早的多代理人概念模型之一，出现在 1971 年的“分离动态模型”论文中（Schelling，1971）。虽然谢林最初使用硬币和图纸而不是计算机作为模拟的工具，但该模型包含了自主的代理人在共享环境中交互并产生集合、涌现结果的基本概念。

在 1980 年代初，罗伯特·阿克塞罗德（Robert Axelrod）主办了“囚徒困境”战略比赛，以代理人的方式进行交互并决出胜者，后续在政治学领域开发了从民族中心主义到文化传播的许多其他多代理人模型。1980 年代后期，克雷格·雷诺兹（Craig Reynolds）对鸟群的研究是早期具有社会学意义的生物学多代理人模型的典型。他试图模拟现实的生物，也就是克里斯托弗·兰顿（Christopher Langton）提出的人工生命（Artificial Life）概念。

从 1990 年代开始，多代理人模拟进入快速发展时期。随着 1990 年 StarLogo、1990 年代中期的 Swarm 和 NetLogo、2000 年的 RePast 和 AnyLogic、2007 年的 GAMA，以及一些定制代码的出现，多代理人建模软件越来越丰富，应用范围越来越广泛。

多代理人模拟在社会科学领域的发展尤为显著，被用于模拟和探索社会现象的作用，如季节性迁移、污染、有性生殖、战斗、疾病乃至文化传播，探讨社会网络和文化的协同演化。也是在 1990 年代，奈杰尔·吉尔伯特（Nigel Gilbert）出版了第一本社会模拟教科书（Gilbert and Troitzsch，1999）和人工社会与社会模拟期刊（JASSS）。此外，还有综合自适应系统建模期刊（CASM）收录任何领域的多代理人模拟研究。

在生物学领域中，多代理人模拟已广泛应用于分析流行病的传播和生物武器的威胁、人口、植被、文明演变分析、人体组织形态、炎症和免疫系统的模拟等；还被用于开发临床决策支持系统，如乳腺癌等；在早期临床研究中用于建立药理学系统，以及用于分子水平的生物系统研究。

在计算机科学领域，多代理人模拟被应用于模拟信息传递、社交网络传播以及无线传感器网络等。在金融危机中，多代理人模拟成为经济分析的工具，模拟极其复杂的金融环境中的不稳定经济体，构建基于微观基础的市场模型。多代理人模拟亦被用以解决各种业务和技术问题，包括组织行为和认知建模、团队合作模拟、供应链物流优化、消费者行为模型、人力管理和投资组合管理以及交通拥堵分析。

0.4 多代理人模拟对城市规划有什么用

城市规划是人类为了在城市的发展中维持公共生活的空间秩序而作的未来空间安排（吴志强，李德华，2010）。对照模拟的概念，城市规划的本质就是模拟，因为未来只有通过模型来表现，这模型就是规划方案，形式包括用地规划图纸、建筑模型、人口测算公式、交通仿真系统等；而规划师反复对规划方案的优化过程就是对模型的实验过程。

城市又是一个高度异质的复杂系统，大量具有不同属性、习惯、需求、偏好的居民在城市中生活，人与人之间、人与空间之间时刻发生着大量的交互（图 0–2），为此规划需要在城市空间中合理安排居住、工业、公共服务、交通、基础设施，尽可能地满足居民的需求，提高其生活品质。经过长期的实践和研究积累，城市规划在总体上以及各个系统之内，形成了规划原则、规范、标准、原理来指导规划实践，保证规划方案满足基本的需求，不出现大的问题。但对实现更加精准的目标，对规

图 0–2 “模拟城市”（SimCity）游戏模拟了城市中的复杂交互

（来源：simcity.com）

划效果的估计达到特定个人或人群，对不同系统规划形成的叠合效应进行预估，对不同空间层次规划效果的同时考察，对以上方面动态效果进行预判，一般的规划方法就难以做到，而这正是多代理人模拟的强项，并且往往通过自下而上的视角。

多代理人模拟在城市规划与研究中被广泛应用于模拟各类城市元素，例如人、土地、建筑、车辆，通过模拟来研究城市发展中社会经济活动的动态特征，对规划设计进行评估优化。多代理人模拟可以较高的精度模拟城市土地利用变化，用来研究城市空间布局特征和规律（周淑丽等，2014；刘润姣等，2016）；也可以应用于城市内部子系统的模拟，如通过模拟商业中心和消费者的互动推演零售业中心体系的演化（朱玮，王德，2011；朱玮等，2014）。优化城市整体层面的居住空间布局以及居住区内部建筑布局也可以通过多代理人模拟实现，对应方法包括模拟居民对居住空间的区位选择决策过程，以及模拟居住区建筑对日照的影响（刘慧杰，吉国华，2009；刘小平等，2010）。城市交通规划运用多代理人模拟可以模拟车辆和行人动态及互动、交叉口车流、交通拥堵等各类复杂状况，以评估交通规划方案或优化交通体系（余沛等，2010；刘小鼎等，2011；罗来平等，2015）。此外，多代理人模拟还被用于规划大人流空间，如商业区和展区，通过模拟个人时空轨迹来评估和优化规划方案（朱玮等，2009；王德等，2015）。

0.5 本章小结

模拟是城市规划的本质，城市又是一个高度异质的复杂系统，这些特质与多代理人模拟擅长解决高度异质性复杂问题的特点自然契合。将多代理人模拟应用于城市规划，能够使得对规划问题的解决更加精准、更多层次、更多维度、更动态化、更以人为本。

本书分为上下两篇。上篇集中讲授多代理人模拟软件 NetLogo 的程序编写原理和技巧。NetLogo 是一个开源、灵活性高、适用性广、操作简单易学的多代理人模拟环境，对空间和行为的模拟尤为方便，它也继承了多代理人模拟直观、机制简单的特性，不要求用户具有非常好的数学知识和技能，只需要具有对模拟对象的常识和系统的思维。本书针对城市规划的需求，组织了相应的内容进行介绍。第 1 章通过一个多代理人模型案例，使读者对多代理人模拟方法和 NetLogo 建立感性认识；第 2 章系统性地讲述 NetLogo 模型开发的概念和方法论，建立必要的基础；第 3 章讲述模拟空间环境的基础方法，以及如何模拟活动代理人与环境的交互；第 4 章讲述更高级的网络空间模拟方法，以及 NetLogo 如何与地理信息系统（GIS）对接；第 5 章讲述用参数空间功能来研究模型机制的方法，以及如何用系统动力学模块来模拟集合过程。

下篇例举应用 NetLogo 多代理人模拟的城市和规划研究，通过分析研究的思路、讲解模拟方法的重点，启发读者，加深对活用多代理人模拟技术的体会。第 6 章以中心地理论的验证为例，展示多代理人模拟如何作为验证理论的工具；第 7 章以上海南京东路消费者行为模拟为例，展示多代理人模拟如何作为验证模型的工具；第 8 章以模拟预测上海市商业中心体系为例，展示多代理人模拟如何作为规划情景预估的工具；第 9 章以青岛世园会参观行为模拟为例，展示多代理人模拟如何作为规划设计的辅助工具。

需要提醒的是，本书并不能替代 NetLogo 操作手册，而是专注于介绍城市规划应用视角下 NetLogo 模型设计的基础知识和技能。读者仍需要经常参考 NetLogo 用户手册来熟悉更多和更深入的程序语法和编程规则。好在 NetLogo 语言不复杂，常用的命令和语法比较集中，所以要编写出好的多代理人模型主要还靠使用者经常地练习并学习他人的模型，熟能生巧。

最后，对本书中经常出现的一些特定表达样式的含义进行说明：

首次出现的关键概念，用斜体加粗表达。

■ 此图标表示需要读者完成的任务。

▌ 此图标表示程序的代码以及相应的注释或结果。

0.6 练习

（1）根据你的学习、研究、实践经历，你认为城市规划、城市研究中的哪些问题，相对于其他方法，更适合用多代理人模拟的方法来解决？图 0–3 提供了往年的学生模拟作业视频以供参考。

（2）多代理人模拟方法在解决这些问题上的相对优势和劣势有哪些？

图 0–3　学生模拟作业视频（微信稿）
（a）2016 年（1）；（b）2016 年（2）；（c）2017 年（1）；（d）2017 年（2）

NetLogo 模型开发原理

1

NetLogo 体验

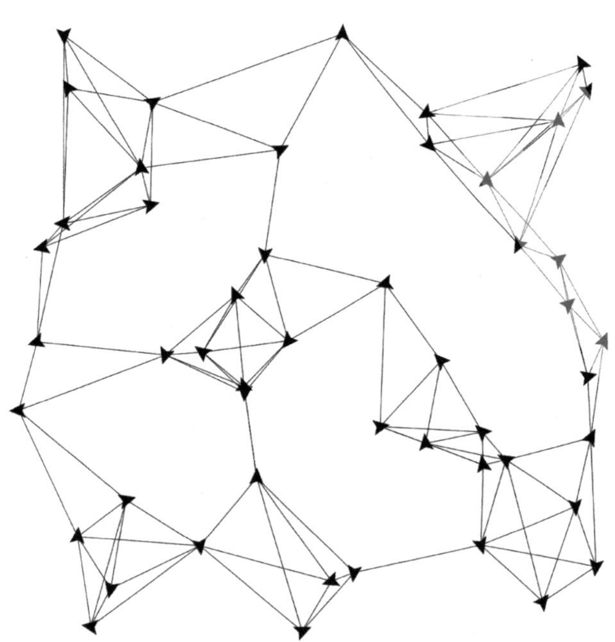

本章的目标是对 NetLogo 多代理人模拟软件建立初步的认识，了解该软件的基本构成要素及使用方法。

1.1 NetLogo 概述

NetLogo是一个用来对自然和社会现象进行仿真的可编程建模环境。它由乌里·维伦斯基（Uri Wilensky）在 1999 年发起，由美国西北大学（Northwest University）连接学习和计算机建模中心（The Center for Connected Learning and Computer–Based Modeling,CCL）负责持续开发。NetLogo 继承了 Logo 编程语言[①]的特点,学习门槛低,灵活性高，扩展性强，适用性广。它是一个开源软件，免费使用，可以在 CCL 的网站上下载[②]。这些特点使得 NetLogo 在多代理人模拟软件中，拥有较大的用户群体；用户们分享自己编写的模型，形成交流社群（如 GitHub NetLogo[③]），极大地便利了模型开发和思想交流。除了在本地计算机运行的版本，NetLogo Web 版本允许用户在浏览器中使用部分模型和基本功能，亦可上传模型分享；NetLogo 3D 提供三维空间的模拟环境;HubNet 用于开发多用户交互的 NetLogo 模型。本书采用的是 NetLogo 6.0 版本，界面语言以中文为主。

---

① Logo 是一个以编程教学为目的编程语言，开发于 1967 年。https：//en.wikipedia.org/wiki/Logo_%28programming_language%29

② https：//ccl.northwestern.edu/netlogo/

③ https：//github.com/NetLogo/NetLogo

■ **打开 NetLogo 后，在“帮助”菜单中点击“NetLogo 用户手册”。**

手册即在网页浏览器中显示。NetLogo 用户手册可以说是学习 NetLogo 最重要的资源，其内容随着 NetLogo 版本升级而更新。对于初学者来说，介绍（Introduction）、学习 NetLogo（Learning NetLogo）、界面导览（Interface Guide）和编程导览（Programming Guide）是认识 NetLogo 并掌握基本操作的主要途径。即便对于老用户，手册中的一个最为重要的部分是 NetLogo 词典（NetLogo Dictionary），其中集成了对 NetLogo 编程涉及的所有变量、命令、函数等的定义、解释以及用法示例。NetLogo 还附带了一些扩展模块（Extensions），是为了适应更加专门的需求而开发的程序包，本书也会讲解其中的一些模块。

NetLogo 还自带一个模型库（在“文件”菜单栏中），库中包含许多已经写好的模型，可以直接使用也可修改。这些模型覆盖自然和社会科学的许多领域，包括生物、医学、物理、化学、数学、计算机、经济学和社会心理学等。不过可能由于以教学和演示为导向，这里的大部分模型都比较简单，而实际上 NetLogo 程序的复杂程度几乎是没有限制的。这个库中比较重要的部分是代码示例（Code Examples），其中包含很多针对特定任务的模型，并带有完善的程序文档方便用户理解。当你的模型开发需要完成特定任务或者碰到困难时，可以首先从这些示例中寻找启发，当然直接将代码复制到自己的程序也是没有问题的，只要对模型和作者正确引用就行了[①]。

1.2 NetLogo 编程环境

1.2.1 用户界面与控件

■ **在模型库中，找到生物学（Biology）文件夹中的“狼吃羊”（Wolf Sheep Predation）模型并打开。**

显示如图 1-1 所示，在菜单栏之下，有 3 个选项卡：

（1）界面选项卡：用户与程序交互的地方，用来控制程序运行以及模拟结果的可视化[②]。

（2）信息选项卡：对模型开发进行说明的地方，按下“编辑”按钮后可进行编辑。

（3）代码选项卡：编写 NetLogo 程序的地方，软件通过执行代码来实现模型模拟。

---

① NetLogo 是一个开源软件，用其编写的代码也都是可见的，使用他人的模型后进行引用，是一个正确的、需要注重的做法。

② 提示：如觉得界面中的字体太小，可同时按 Ctrl 和 + 键进行放大，反之，同时按 Ctrl 和 - 键缩小。

界面的下部是*命令中心*（Command Center），在这里用户可直接输入命令并执行。图 1–1 界面的中部有这样一些要素：

（1）*世界*（World）：图中黑色的方块，用以可视化代理人与环境的动态变化；

（2）速度滑块：位于世界上方，用来控制程序执行的速度；

（3）*按钮*（Button）：用以激发程序执行。其中包含单次执行按钮和循环执行按钮。点击单次执行按钮后，按钮下陷直到程序执行结束后弹起。本例中的 setup 按钮就是单次执行按钮，点击后世界进行初始化。循环执行按钮在其图标的右下角有一个循环标记，点击后下陷，但不会自动弹起，程序循环执行，直到再次点击后弹起，程序终止执行。本例中的 go 按钮是循环执行按钮，点击后模型开始持续运行。

（4）*开关*（Switch）：是一类只有两个值的控件，当其在 On 的位置，返回 true 值；当其在 Off 的位置，返回 false 值。本例中有两个开关，show–energy?（是否显示代理人的能量）和 grass?（草地是否生长）。

■ 尝试打开或关闭它们，分别运行程序，来观察模拟过程的变化。

（5）*滑块*（Slide）：用以控制一定范围内的取值。本例中有若干滑块，如 initial–number–sheep 用以设定羊的初始数量，最小为 0，最大为 100。

■ 尝试改变这些滑块的数值，设想一下模拟结果会发生怎样的变化，运行程序，观察模拟的结果与假设是否一致。

（6）监视窗：包括输出文本信息的*监视器*（Monitor）和输出图形的*图框*（Plot），其中的数值和图形随模拟进程变化。

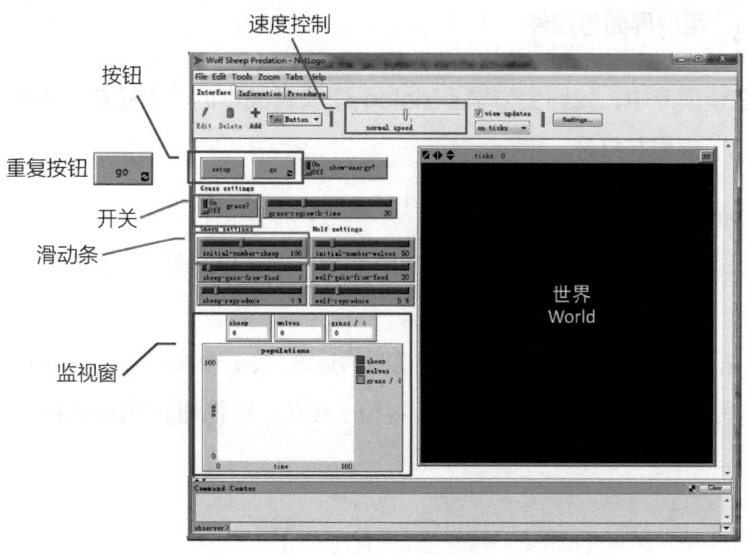

图 1–1　NetLogo 界面

（狼吃羊模型，来源：NetLogo 模型库）

1.2.2 世界

■ 点击界面上部的“设置…”按钮。

显示模型设置（Model Settings）对话框（图 1-2），用以设置世界的参数。

世界的组成单元是***嵌块***（Patch），呈正方形。世界为四边形，通过设定嵌块的最小 x 坐标（min-pxcor）、最大 x 坐标（max-pxcor）、最小 y 坐标（min-pycor）和最大 y 坐标（max-pycor）来设置其尺寸（图 1-3）。坐标的原点可选在中心、边、角或自定义位置。需要注意的是，计算世界尺寸的时候不要忘记把原点也算进去，本例中坐标原点（0，0）在中心，x 和 y 轴的最大坐标都是 25，世界的尺寸就是 51×51。

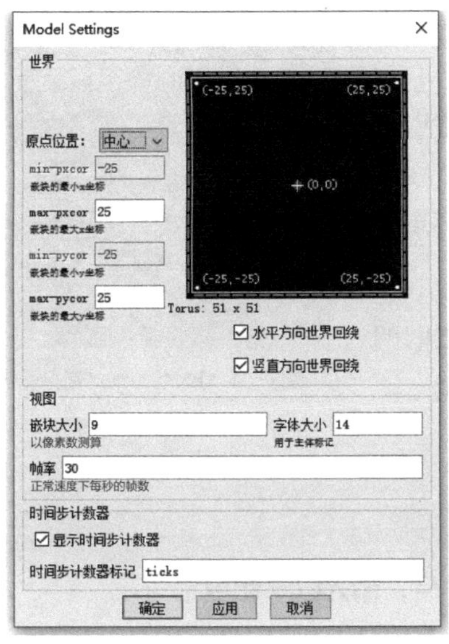

图 1-2 模型设置对话框

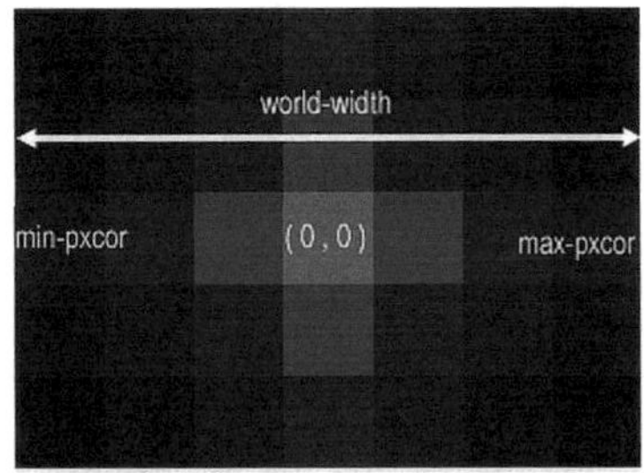

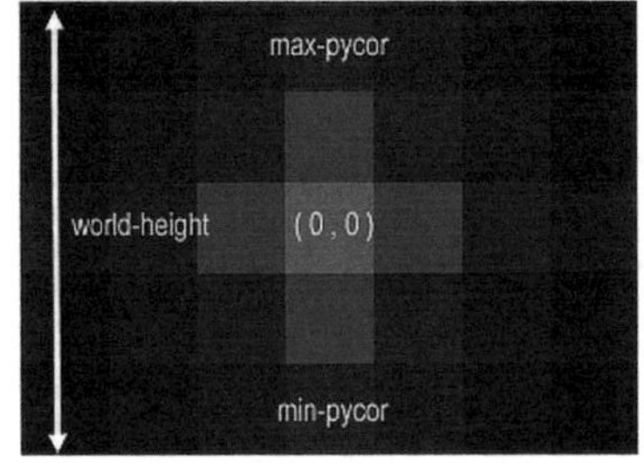

图 1-3 嵌块与世界尺寸的关系
（来源：NetLogo 用户手册）

“水平方向世界回绕”和“竖直方向世界回绕”这两个选择框用来控制世界是否在边界上连通。

■ 比较在勾选和去掉勾选的情况下，狼和羊的行为在世界的边界有何不同。

嵌块大小用以设定每个嵌块包含的显示像素数量。注意不要将其与世界的尺寸混淆，改变嵌块大小会导致界面中显示的世界大小的变化，但并不改变世界的尺寸。

■ 在界面中，选中世界，拖动其中某个角的锚点以改变世界的显示大小，再进入设置，检查世界尺寸和嵌块大小的变化。

1.2.3　命令中心

■ **在模型库中，找到社会科学（Social Science）文件夹中的“交通基础”（Traffic Basic）模型并打开。**

■ **在命令中心的最下部，在“观察者 >”右边的输入框内输入：**

```
ask turtles [set color brown]
```

回车后，世界中的小车变为棕色，同时在命令中心显示刚才被执行的命令，以及执行的*主体*（Context）——观察者。

NetLogo 中的代理人有四类（图 1-4）：

（1）*观察者*（Observer）:类似于“上帝”的角色，可以对其他代理人进行操控。一个模型只有一个观察者。

（2）*海龟*（Turtle）：用以代表可移动物体的代理人，如狼和羊。

（3）*嵌块*（Patch）：用以代表固定空间环境的代理人，如草地。

（4）*链接*（Link）：用以代表两个海龟之间的联系的代理人，如两个道路交叉口之间的路段。

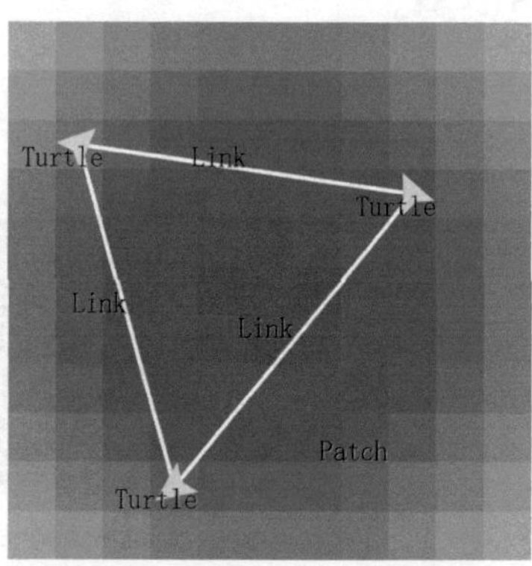

图 1-4　NetLogo 中的代理人

1.2.4　颜色管理

■ **将命令中心里的主体设为“海龟集”后，输入以下命令：**

```
set color pink
```

世界中的小车变为粉色。注意该语句的语法与之前的区别，之前执行命令的主体是观察者，因此需要“请求”（ask）海龟集来改变颜色；而这里执行命令的主体就是海龟集，就不需要请求自己了。认清命令执行的主体，是 NetLogo 编程过程中非常重要的环节，也很容易出错。

■ **将命令中心里的主体设为“嵌块集”后，输入以下命令：**

```
set pcolor white
```

世界中的嵌块变为白色。

■ **接着输入以下命令：**

```
set color red
```

提示出错（图 1-5）：不能在嵌块主体下使用 color，因为 color 是海龟 / 链接专属的。

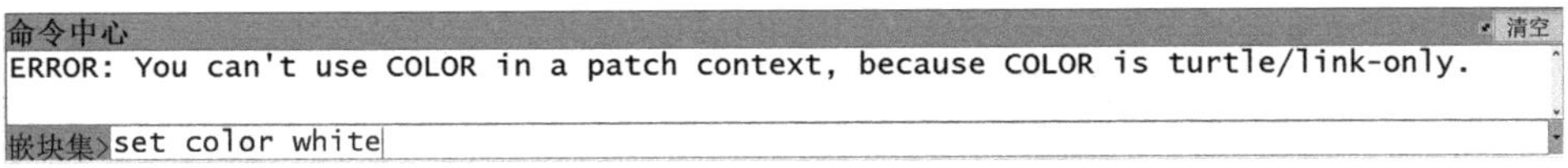

命令中心 清空
ERROR: You can't use COLOR in a patch context, because COLOR is turtle/link-only.
嵌块集> set color white

图 1-5　执行非代理人自身属性的错误

各类代理人有一些本类专属的变量和命令。color 是专属于海龟或链接的颜色变量；专属于嵌块的颜色变量是 pcolor。在 NetLogo 词典中，任意点击一个词条，在其标题的下方，若显示有图标，那么这个命令或属性就是图标所代表的代理人专属的（表 1-1）；若没有图标，那么所有代理人均可使用。

代理人类型对应的图标　　表 1-1

代理人	图标
观察者	
海龟	
嵌块	
链接	

■ **还是在嵌块集主体下，输入以下命令：**

```
set pcolor red
```

■ **输入并执行以下命令，并用向上键回滚这条命令并重复执行几次：**

```
set pcolor pcolor - 2
```

世界中嵌块的红色渐渐加深。至此，对赋值命令 set 的语法可能已有体会，它需要两个参数，第一个是被赋值的变量，此例中就是嵌块的颜色 pcolor；第二个参数是所赋的值，此例中就是 pcolor – 2 这一运算所返回的值。注意运算符前后各有一个空格，这是 NetLogo 的语法规定，否则 pcolor–2 将被识别为一个变量。

■ **在工具菜单中选择“颜色样块”。**

NetLogo 用一个数字作为每一个颜色的代号（图 1–6），对一些常用的颜色同时用词语作为代号，以便使用（如 yellow，red，pink，green，blue，black，white 等）。本例中通过重复这条命令，当前的颜色被不断地 –2 后回赋给自身，产生世界颜色的渐变效果。

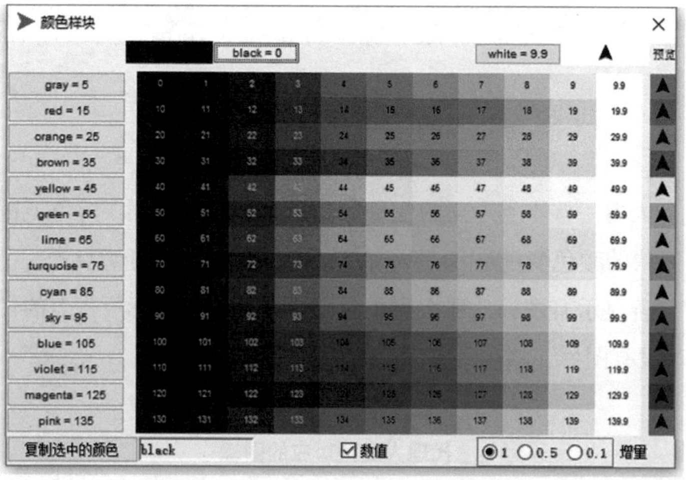

图 1–6　NetLogo 的色彩管理

1.2.5　代理人属性管理

■ 在“交通基本”模型界面，点击 setup 按钮，初始化模型。

■ 右键点击红色小车，选择弹出菜单中的 turtle # > inspect turtle #。

显示海龟管理窗口（图 1–7），罗列了该海龟的属性变量。第一个属性 who，是海龟在世界中的唯一标识，是一个正整数。第二行是颜色 color，当前值为 15（红色）。Heading 是海龟的朝向，数值代表与垂直向上直线的夹角度数。xcor 和 ycor 分别是海龟的 x 和 y 坐标。除了 who 以外[①]，其他的属性均可在输入框内直接修改，或者通过以下的方式：

■ 在管理窗底端的代理人命令框内输入：

```
set color pink
```

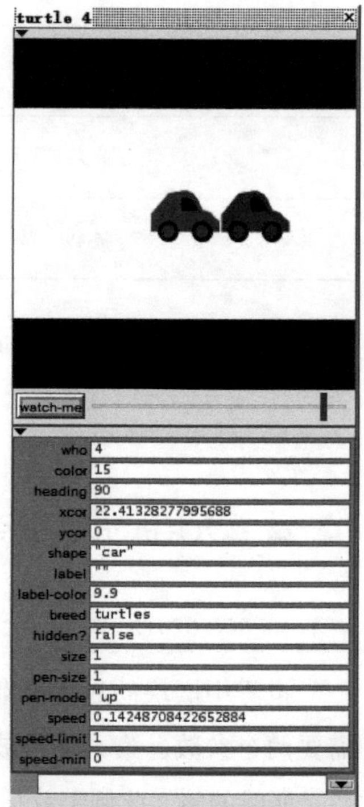

图 1–7　海龟管理窗口

① 在属性输入框中改变 who 的值，管理窗的内容将切换到相应编号海龟的属性。

■ **在界面的命令中心，以观察者为主体输入：**

```
ask turtle 0 [set color red]
```

0 号海龟的颜色变为红色。索引个别海龟即通过 turtle 命令，该命令的唯一参数就是海龟的 who。

■ **尝试同样以观察者为主体，改变个别嵌块的颜色。**

1.3 创造一个世界

参照 NetLogo 用户手册中的 Tutorial #3，本节解析“狼吃羊”模型的建构过程。

1.3.1 创建控件和过程

■ **在“文件”菜单中点击“新建”，新建一个模型。**

■ **在“界面”的工具条中，点击“按钮”下拉菜单，其中罗列了所有的控件。点击“按钮”，将鼠标移动至世界的旁边，这时鼠标显示为“+”的形状，点击空白处后新建一个按钮，并显示该按钮的编辑窗口（图 1-8）。**

■ **在编辑窗口中，保持执行主体为观察者，在命令输入框中，输入“setup”作为命令的名称，在显示名称输入框中输入“初始化世界”。点击“确定”。**

这时按钮中的文字为红色，说明尚未对 setup 这个命令进行定义。

图 1-8　创建按钮

■ **在代码选项卡，定义 setup 命令的过程，输入以下代码：**

```
to setup  ; 设定世界至初始状态
  clear-all  ; 清空世界
  create-turtles 100 [ setxy random-xcor random-ycor ]
  reset-ticks  ; 重设计数器为 0
end
```

过程（Procedure）由***关键词***（Keyword）to 开始，之后为过程的标识名称，中间的命令顺序执行，最后以关键词 end 结束。clear-all 命令清空世界中的对象，嵌块变为黑色，模型回到初始状态。create-turtles 是一个带参数的命令，此处新建 100 个海龟，初始坐标为（0，0）；之后 [⋯] 中的命令由每个海龟执行，setxy 命令用来设定海龟的 x 坐标和 y 坐标，带两个参数，random-xcor 和 random-ycor 分别是返回随机 x 坐标和 y 坐标的***函数***（Reporter）。reset-ticks 将模拟次数的计数器变量 ticks 归零。

注释在代码中以分号（；）开始，之后同一行的代码全部作为注释，不参与命令执行。多写注释、写清注释是编程的好习惯。

回到界面，按钮中的文字应呈现黑色，说明按钮对应的命令已被定义。点击按钮应呈现类似图 1-9 的状态，100 个海龟随机分布在世界内，朝向（箭头所指方向）、颜色也是随机的。

■ **尝试调慢速度滑块，观察 setup 命令的执行过程。**

图 1-9　初始化世界

■ **创建 go 按钮，注意勾选“持续执行”，将其定义为循环执行按钮（图 1-10）。**

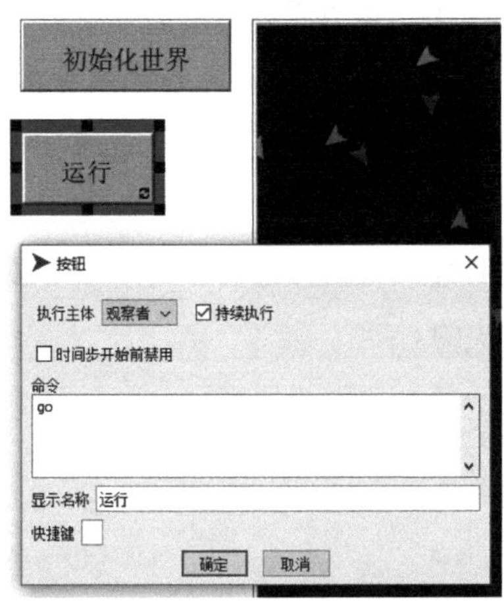

图 1-10 创建循环执行按钮

■ **在代码选项卡中输入以下代码，对 go 命令进行定义：**

```
to go
  move-turtles
  tick
end

to move-turtles
  ask turtles [
    right random 360
    forward 1
  ]
end
```

因为 go 按钮是循环执行按钮，go 过程将被循环执行，其中只有两行命令：第二行的 tick 是将计数器 +1，第一行的 move-turtles 是一个自定义的命令，其过程定义在 go 过程的后面（前后均可），这就是***过程嵌套***。过程嵌套对于 NetLogo 编程是非常重要的技巧，它使得主体过程（如 go）的代码更加简洁易读，也更便于被嵌套过程（如 move-turtles）的管理和重复使用，提高编程的效率，减少出错的几率。

在定义 go 按钮时，执行主体是观察者，因此 go 过程中每行命令的执行主体都是观察者，包括 move-turtles。这一设定传递到 move-turtles 过程中的每行命令，所以要用 ask turtles [⋯] 请求所有海龟执行以下命令：right 命令带一个参数，即海龟向右转向的度数；这里该参数由 random 函数返回，是一个 [0，360）之间的随机正整数；最后执行 forward 命令，向当前朝向移动 1 个单位的距离。

■ **回到界面选项卡，调慢速度滑块，点击 go 按钮，观察世界的变化一段时间，再次点击后停止程序执行**[①]**。**

在运行速度较慢的情况下，可以看到海龟们并不是同时移动的，而是依次移动的，这是因为，一个海龟执行完 ask turtles 后面 [···] 中的命令，另一个海龟才能执行，次序是随机的。记住这个特性对于理解 NetLogo 程序执行是很有帮助的。可见，NetLogo 并不是真正地模拟“同时性”，只是在模拟速度很快的情况下，看起来是同时的。对于多数问题，这种序列式模拟没有影响；如果必须模拟同时性，也是可以通过编写特定的程序来解决的。

■ **用以下代码替换原 setup 过程：**

```
to setup
  clear-all
  setup-patches
  setup-turtles
  reset-ticks
end

to setup-patches
  ask patches [set pcolor green]
end

to setup-turtles
  create-turtles 100
  ask turtles [setxy random-xcor random-ycor]
end
```

这里也用过程嵌套将初始化嵌块和海龟定义为两个独立的过程 setup-patches 和 setup-turtles。执行 setup 命令后，世界变成绿色，模拟草地。

1.3.2 定义代理人属性

代理人除了具有自带的***内置属性***以外，还可以具有***自定义属性***，必须在程序的最前面进行申明。

■ **在代码选项卡的最上端，输入：**

```
turtles-own [energy age]
```

turtles-own 关键词用来申明 [···] 中的属性是归属于海龟的。

---

① 在运行速度较慢的情况下，点击下陷状态的循环执行按钮后，按钮不一定会马上弹起，因为程序需要执行完成该按钮对应的过程中的所有命令后才停止。

■ **在界面选项卡中，点击 setup 按钮，打开任一海龟的属性窗口。**

这个属性窗口应类似于图 1-11。除了内置属性以外，在最底端新增了 energy（能量）和 age（年龄）属性，它们的初始值为 0。自定义属性与内置属性在用法上没有区别。嵌块和链接也都可以自定义属性。

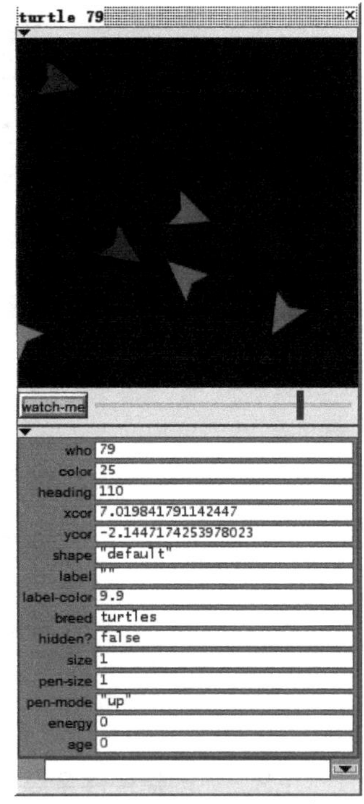

图 1-11　自定义海龟属性

■ **输入以下代码，替换之前的 go 过程和 move-turtles 过程：**

```
to go
  move-turtles
  eat-grass
  tick
end

to move-turtles
  ask turtles [
    right random 360
    forward 1
    set energy energy - 1
  ]
end

to eat-grass
  ask turtles [
    if pcolor = green [
      set pcolor black
      set energy energy + 10
    ]
  ]
end
```

在 move-turtles 过程中，新增了一行赋值命令，意味着海龟每移动一步，其能量值减 1。另外新增了 eat-grass 过程，其中用到了条件逻辑命令 if。该命令先判断参数值的真伪（true/false），此处就是 pcolor = green，当嵌块为绿色（有草）返回 true，接着执行 [···] 中的命令，模拟羊吃草，将嵌块变为黑色，代理人的能量 +10；当嵌块非绿色（无草），结束 if 命令。运行模型应呈现类似图 1-12 的效果。

这里有一个特殊的点需要注意。之前说过代理人只能使用自己的属性，但这里使用 pcolor 这一嵌块的属性是在海龟主体下的，为什么没有问题呢？这是一个 NetLogo 规定的例外——海龟可以调用其所在的嵌块的属性，相当于海龟自己的属性。因为模拟过程往往涉及海龟与嵌块的大量交互，这个例外使得编程更加高效。不过，在解读代码的时候，也要注意区别属性的归属，特别是那些自定义的属性。

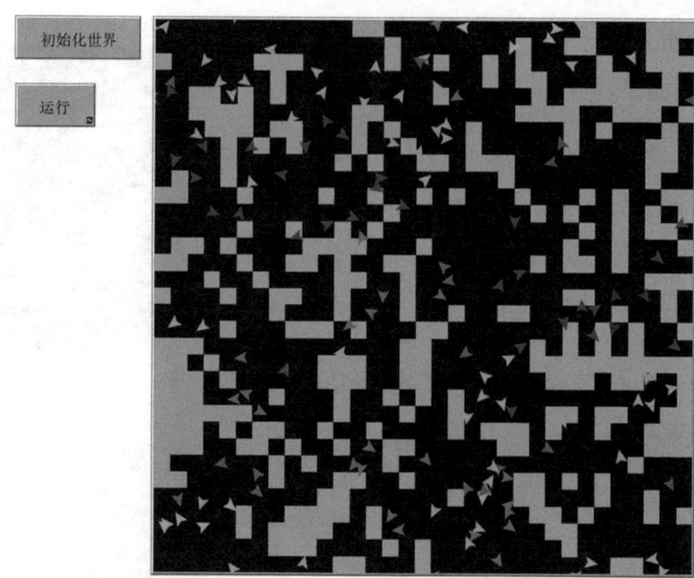

图 1-12　模拟羊吃草

1.3.3　创建控件全局变量

■ **在界面创建一个开关，在“全局变量”输入框输入 show-energy?（图 1-13）。**

图 1-13　创建开关

创建一个开关控件的同时创建了一个对应的***全局变量***（Global Variable），所有的代理人均可调用。按照 NetLogo 的约定俗成，开关对应的是***逻辑变量***（Boolean Variable），其变量名最后用 ? 结尾，方便辨识。开关为 On 时，变量值为 true；开关为 Off 时，变量值为 false。

■ **在界面创建对应全局变量名为 number、energy-from-grass、birth-energy 的三个滑块（图 1-14），设定最小值、增量、最大值，以及默认的值。**

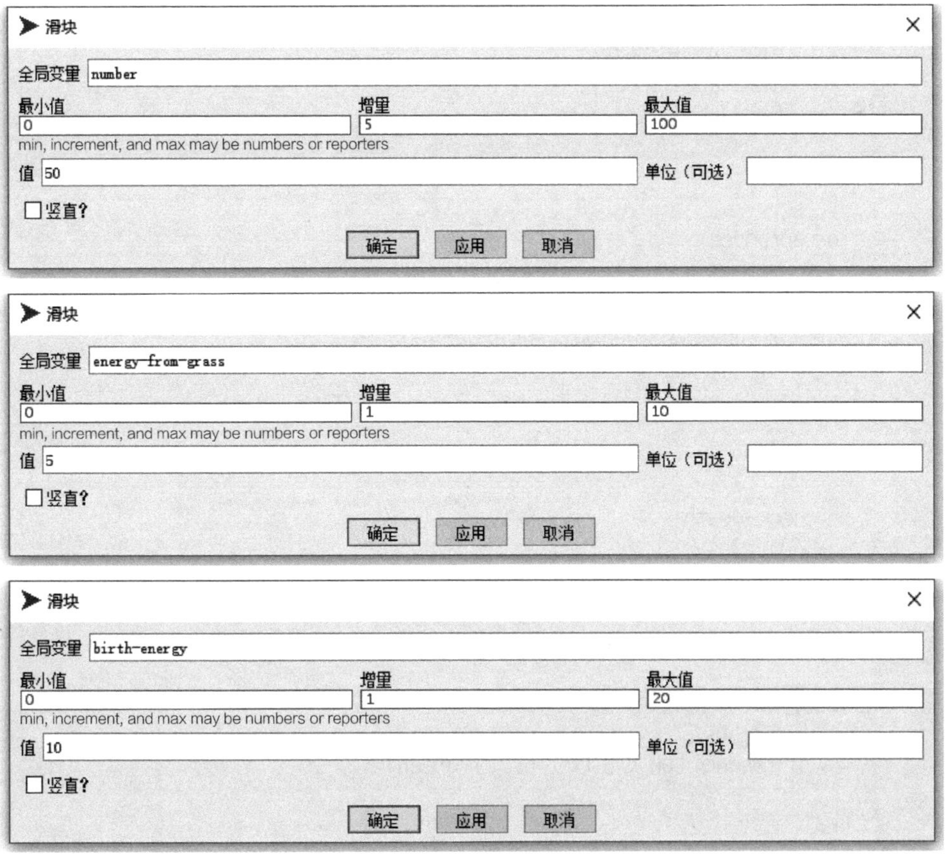

滑块
全局变量 number
最小值 0 增量 5 最大值 100
min, increment, and max may be numbers or reporters
值 50 单位（可选）
竖直?
确定 应用 取消

滑块
全局变量 energy-from-grass
最小值 0 增量 1 最大值 10
min, increment, and max may be numbers or reporters
值 5 单位（可选）
竖直?
确定 应用 取消

滑块
全局变量 birth-energy
最小值 0 增量 1 最大值 20
min, increment, and max may be numbers or reporters
值 10 单位（可选）
竖直?
确定 应用 取消

图 1-14　创建滑块

■ **将之前的代码作以下修改：**

```
to go
  if ticks >= 500 [stop]
  move-turtles
  eat-grass
  check-death
  reproduce
  regrow-grass
  tick
end

to setup-turtles
  create-turtles number [setxy random-xcor random-ycor]
end

to eat-grass
  ask turtles [
    if pcolor = green [
      set pcolor black
      set energy ( energy + energy-from-grass )
```

```
    ]
    ifelse show-energy?
      [set label energy]
      [set label "" ]
  ]
end

to reproduce
  ask turtles [
    if energy > birth-energy [
      set energy energy - birth-energy
      hatch 1 [set energy birth-energy]
    ]
  ]
end

to check-death
  ask turtles [
    if energy <= 0 [die]
  ]
end

to regrow-grass
  ask patches [
    if random 100 < 3 [set pcolor green]
  ]
end
```

在 go 过程中，首先判断模拟计数器是否超过 500 次，超过后执行 stop 命令停止 go 过程的运行，这时循环执行按钮会自动弹起。这样每次模拟都会在相同的回合数后停止，便于比较不同模型或参数设置下的模拟结果。此外还添加了 reproduce、check-death、regrow-grass 三个过程。

在 setup-turtles 过程中，create-turtles 命令的参数改为全局变量 number，可通过滑块调节。

在 eat-grass 过程中，羊吃草获得的能量也由常数改为全局变量 energy-from-grass。show-energy? 全局变量被作为条件逻辑命令 ifelse 的参数，如为 true，则将海龟的标签设为其当前的能量；如为 false，标签为空字符串，相当于不显示。

reproduce 过程模拟海龟的繁殖，当一个海龟的能量大于全局变量 birth-energy，其能量值减去 birth-energy，然后在原地繁殖（hatch）1 个与自己同类的海龟，并设定其能量。

check-death 过程模拟海龟的死亡过程。当其能量小于等于 0，用 die 命令将其从世界中删除。

regrow-grass 过程模拟草的生长。if 命令的参数是一个不等式判断，程序先解析不等式右边的 random 函数，生成一个 [0，100）的整数，再与 3 进行比较，相当于有 3%

的概率为 true，嵌块变为绿色，97% 的概率为 false。

回到界面运行程序，应呈现类似图 1-15 的效果。

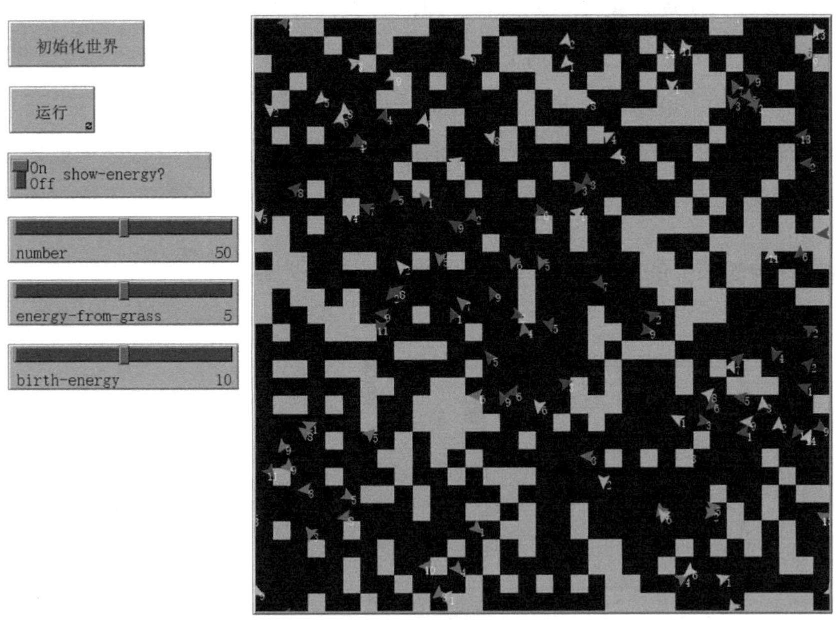

图 1-15　带有全局变量控件的模型

1.3.4　创建监视窗

■ **在界面中，创建两个监视器控件，设定如图 1-16 所示。**

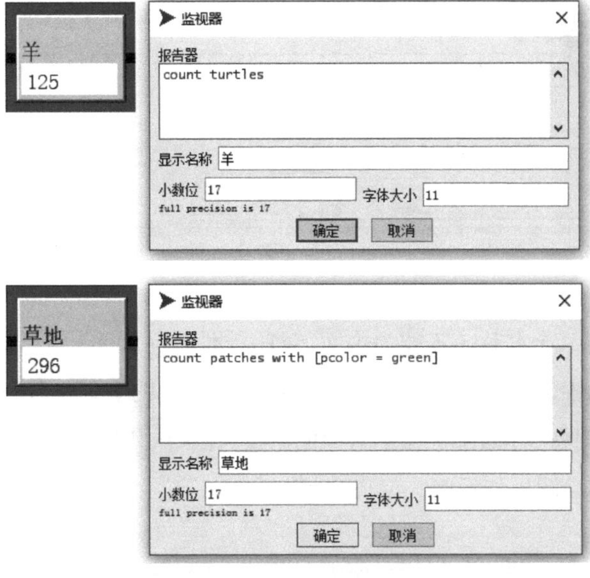

图 1-16　创建监视器

在监视器编辑窗口中，报告器（Reporter）输入框用来输入需要监测的对象的值，数字或字符串均可。本例中，羊的报告器为用 count 函数统计海龟的数量。count 函数的唯一参数为***代理人集***（Agentset），即同一类代理人的集合。草地的报告器统计的是绿色嵌块的数量，其中用到了 with 函数，该函数带一前一后两个参数，前面为代理人集（此处为嵌块集 patches），后面 [···] 为筛选条件，即从输入的代理人集中筛选出符合条件的代理人集。可见，NetLogo 的语法与英语语法有很多相似之处，使得代码较为易读。

■ **在界面中，创建一个图控件，设定如图 1-17 所示。**

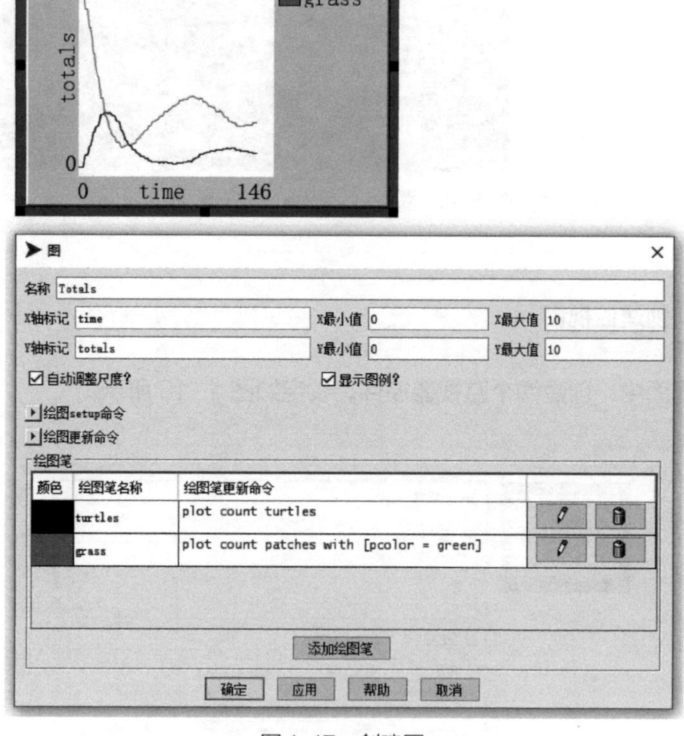

图 1-17　创建图

每个图都有一个名称（不能为中文字符），本例为 Totals。设定两个绘图笔，一个名称（不能为中文）为 turtles，另一个为 grass。"绘图笔更新命令"栏用来定义绘图的内容，用绘图命令 plot 加上监测对象的数量。在默认条件下，每个 tick 图更新一次；也可用代码控制绘图，如下例。

■ **在代码中，替换 go 过程，添加 do-plots 过程：**

```
to go
  if ticks >= 500 [stop]
  move-turtles
  eat-grass
  check-death
  reproduce
  regrow-grass
  tick
  if ticks mod 2 = 0 [do-plots]
end

to do-plots
  set-current-plot "Totals"
  set-current-plot-pen "turtles"
  plot count turtles
  set-current-plot-pen "grass"
  plot count patches with [pcolor = green]
end
```

在 go 过程中增加了 do-plots 命令，该命令的执行由条件语句控制，其中用到了取余函数 mod，即每两个回合更新绘图一次。在 do-plots 过程中，首先用 set-current-plot 命令设定当前的图为“Totals”，再用 set-current-plot-pen 命令设定当前绘图笔为“turtles”，用 plot 命令绘制之；接着设定当前绘图笔为“grass”，再绘制之。

最终，完整模型运行状况应类似图 1-18。

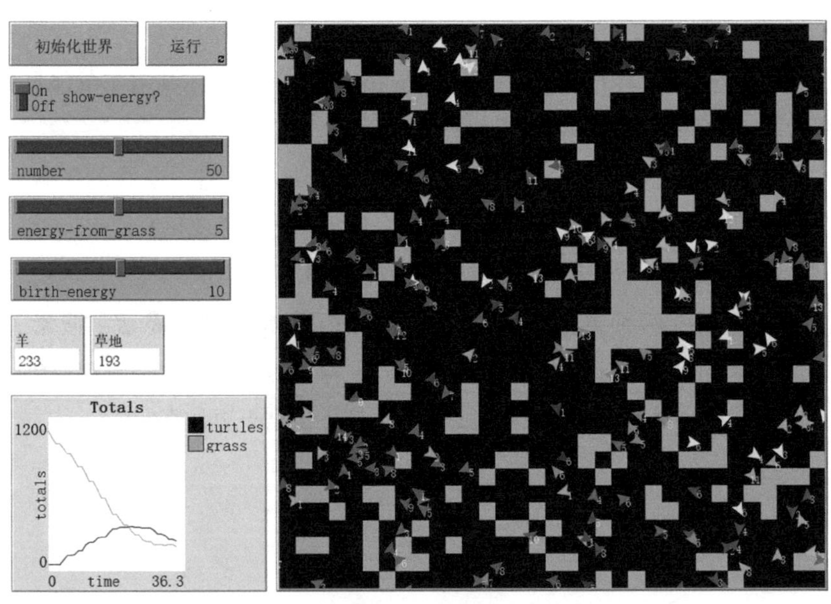

图 1-18　完整模型

■ **在“文件”菜单中点击“保存”来保存模型，注意在文件名后输入后缀 .nlogo。**

1.4 本章小结

本章介绍了 NetLogo 编程环境的组成部分；通过体验创造一个世界的过程，展示了将用户界面设计和过程代码编写相结合来实现模型和模拟的基本方法。总体来说，NetLogo 的基本构件比较简单，语法也容易理解，但这并不妨碍用它创造出复杂、精致、逼真的模拟模型，关键还在于用户的创造力。

NetLogo 的语法具有很明显的基于对象编程（OOP）的特点，以代理人为核心，来设定属性、行为和交互，准确地判断行为主体是正确编写 NetLogo 程序的基本功。本章的案例亦显示出多代理人模拟的特性，对过程的编写主要围绕代理人的行为，少量是对全局过程的组织，而不是对整体状态的描摹；代理人的行为过程可以从简单到复杂不断地完善，这取决于对模型逼真度的要求，以及对个体行为机制的认识。用户需要专注的，是把这些个体机制想明白，用程序准确地加以实现；接着只要准备好合适的监视窗，观察并思考为什么、是什么机制、在怎样的参数下，让这个涌现的世界呈现这样而非那样的状态。

1.5 练习

（1）用控件改变狼吃羊模型的参数，先不要运行模型，而是预判模拟的结果；再运行程序，比较模拟结果与预期的差异。

（2）在狼吃羊模型中，创建一个新的图和画笔，用来显示所有羊的能量和所有狼的能量。

（3）如果赋予狼和羊不同的移动速度，会对模拟结果产生什么样的影响？

（4）如果能量的消耗与移动速度成正比，结果又会怎样变化？

（5）熟悉 NetLogo 操作手册，仔细学习教程 1–3。

（6）采用至少两种方法使得海龟在世界内随机分布（提示：搜索关键词 random）。一是用直接设定海龟坐标的方法（如 set 或 setxy）；二是只用海龟的移动命令（如 forward、left、right）来实现。哪个方法下的结果更加真实？

2

NetLogo 模型设计基础

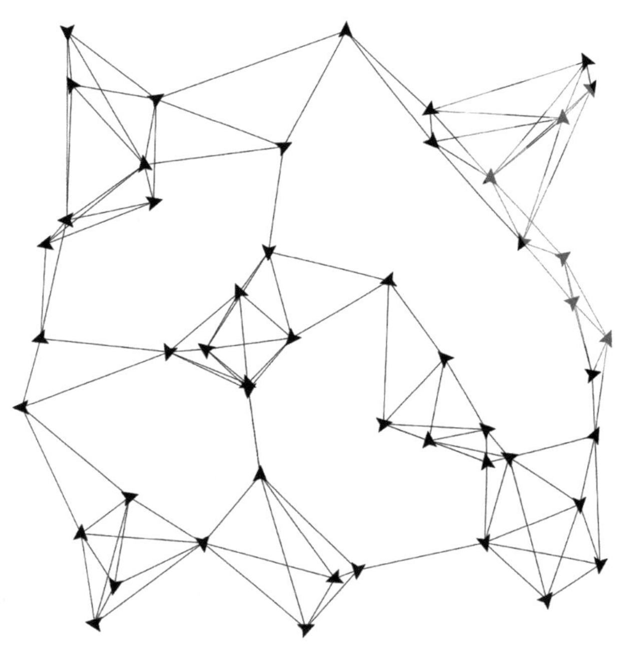

本章的目标是系统地掌握 NetLogo 的基本概念和用法，在此基础上，能够通过使用用户手册和词典更加全面地学习和掌握该软件；建立开发多代理人模型的基本思维和操作方法。

2.1 基本概念

2.1.1 代理人

（1）代理人集

NetLogo 的代理人包括四类：观察者、海龟、嵌块、链接。世界中，除了观察者之外的各类代理人的集合称为***代理人集***（Agentset）。所有海龟的代理人集为 turtles，所有嵌块的代理人集为 patches，所有链接的代理人集为 links。如果要对部分满足特定条件的代理人进行操作，可通过类似以下的索引方式：

```
turtles with [xcor > 100]     ; 坐标大于 100 的海龟
other turtles     ; 除自身以外的其他海龟
turtles-at 1 1     ; 相对于当前主体位于（1，1）的海龟
turtles-on patch 1 1     ; 位于（1，1）嵌块上的海龟
turtles-here     ; 位于当前主体所在嵌块上的海龟
```

如果要向代理人集中添加代理人，可用 turtle-set、patch-set、link-set 命令。例如：

```
set some_turtles (turtle-set some_turtles turtle 1 turtle 2)
```

如果要从代理人集中删除特定代理人，可通过：

```
set some_turtles some_turtles with [xcor > 100]  ; 删除 xcor<=100 的海龟
```

（2）种群

在模型开发的过程中，代理人的现实种类往往不止一类，比如狼和羊，如果在模型中都用 turtles 来代表，显然会给定义属性、行为、交互带来很多不便。NetLogo 考虑到了这一需求，就是用自定义*种群*（Breed）的方法来满足。

■ 打开模型库中的“狼吃羊”模型，在代码选项卡顶部可见以下代码：

```
breed [sheep a-sheep]
breed [wolves wolf]
turtles-own [energy]
```

自定义海龟的种群用关键词 breed，其后的 [···] 中有两个参数，第一个是代理人集的名称，第二个是代理人个体的名称。自定义种群与海龟的关系好比子代与始祖的关系，自定义种群继承海龟的属性。链接亦可自定义种群，但嵌块不可。

■ 在狼吃羊世界中，打开任一只狼和任一只羊的属性窗口。

可以看到这两个属性窗口中都有 energy 属性，因为 energy 是 turtles 的自定义属性，狼和羊都得以继承。这等同于以下代码的效果：

```
wolves-own [energy]
sheep-own [energy]
```

■ 在那只狼的属性窗口中，尝试将 breed 属性改为“sheep”，观察发生的变化。

■ 再尝试在代码中对狼和羊定义不同的属性，观察改变 breed 属性后发生的变化。

自定义种群的很多用法与 turtles 类似，这就使得编程过程更加直观便利。如：

```
create-sheep 100
ask sheep [set energy 100]
sheep with [xcor > 100]
other sheep
sheep-at 1 1
sheep-on patch 1 1
sheep-here
```

■ 在代码的顶部定义羊的属性：

```
sheep-own [age]
```

■ **在命令中心以观察员为主体输入：**

```
ask wolves [set age 0]
```

将提示类似图 2-1 的错误，因为 age 是 sheep 的专属属性。

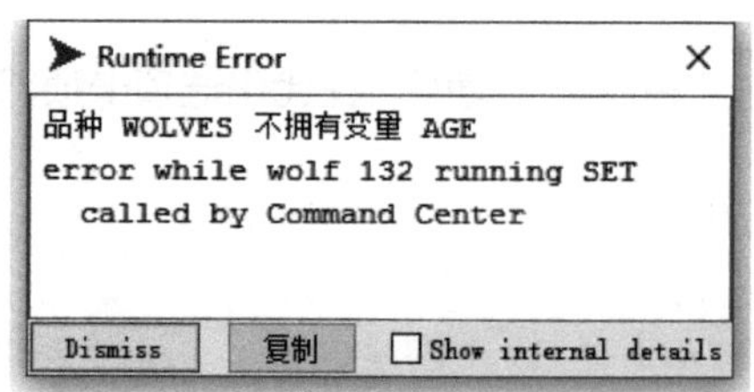

图 2-1　调用其他种群属性错误

（3）单个代理人的索引

索引单个海龟、嵌块、链接的方法分别是：

```
turtle who
patch pxcor pycor
link end1 end2
```

其中对于 link，end1 是头端的海龟，end2 是尾端的海龟。还有两种特别需要注意区分的索引方法是 self 和 myself。如：

```
ask turtle 0 [set x self]
ask turtle 0 [ask turtle 1 [set x myself]]
```

这两行命令中的 x 都指向 turtle 0。第一行 [⋯] 的执行主体是 turtle 0，self 函数返回的是执行主体自身。第二行更复杂些，第一个 [⋯] 的执行主体是 turtle 0，它请求 turtle 1 执行第二个 [⋯] 中的命令。myself 函数返回的是执行主体的请求者，也就是 turtle 1 的请求者——turtle 0。myself 常用于模拟请求者与被请求者之间的交互，熟用之能带来很大的便利。

2.1.2　变量

（1）变量类型

变量是 NetLogo 存储、操控数据的媒介，包括全局变量、局部变量、代理人变量三类。

全局变量（Global Variable）是可以被任何代理人和过程操控的变量，在代码最上部用关键词 globals 申明后使用。如：

```
globals [grass max-sheep]
```

■ **在命令中心，以观察者为主体先后输入并执行以下命令：**

```
ask turtles [set max-sheep self]
show max-sheep
```

命令中心显示 max-sheep 的值——某个海龟（狼或羊）。再次执行以上两行命令，max-sheep 指代的海龟很可能不一样。这是因为 ask turtles 请每个海龟把 self 赋值给 max-sheep，但次序是随机的；max-sheep 最终的值是由最后一个执行命令的海龟赋予的。

滑块、开关、选择器、输入框，这 4 类控件对应的变量也是全局变量。

局部变量（Local Variable）是在过程或函数中定义的变量，只在该过程或函数中可用。局部变量用 let 申明，并同时设定初始值。

■ **定义一个合规的过程：**

```
to local-var
  let lv1 0
  set lv1 5
  ask turtle 0 [
    let lv2 0
    set lv1 5
    set lv2 5
  ]
end
```

lv1 是在过程开始定义的局部变量，在整个过程中对所有代理人可见。lv2 是在 ask turtle 0 的语境下定义的局部变量，仅在该语境中可见。

■ **接着定义另一个过程：**

```
to local-var1
  set lv1 5
end
```

点击工具栏“检查”按钮，则会提示报错“lv1 尚未被定义”。之前定义的 lv1 在 local-var 过程语境中，无法被 local-var1 过程调用。

■ **另定义一个过程：**

```
to local-var2
  ask turtle 0 [let lv2 0]
  ask turtle 0 [set lv2 5]
end
```

也会提示报错“lv2”尚未被定义，问题出在第二行，因为 lv2 只在第一行的语境中有效。

代理人属性变量是代理人专属的变量，绝大多数情况下只有代理人个体能够直接操控。代理人属性变量分为系统预设的***内置变量***（Built-in Variable）和***自定义变量***，自定义变量用关键词 turtles-own、patches-own、links-own 来定义。代理人可以通过 of 函数来调用其他代理人属性变量的值，如在命令中心以观察者为主体输入：

```
show [energy] of turtle 0
```

命令中心将显示 turtle 0 的 energy 变量的值。在 [⋯] 中亦可输入表达式，如：

```
show [xcor + ycor] of turtle 0
```

如果输入：

```
set [energy] of turtle 0 red
```

将报错，of 函数能用于调用其他代理人属性变量的值，但不能进行赋值。一个例外，前一章也提到，就是海龟可以直接将其所在的嵌块属性变量当作自己的属性变量来使用，如：

```
ask turtles [set pcolor color]
```

（2）变量的数据类型

NetLogo 中的变量有 4 种数据类型：数值型、逻辑型、字符型、清单型。

数值型（Number）数据即数字，整数、浮点数都包含在内，也可用科学计数法（如 2.5e+10），但不支持虚数。

逻辑型（Boolean）数据只包含两个可能的值，真 / 假（true/false）。逻辑型变量名的最后一般加 ? 以便识别（如 selected? ）。

字符型（String）数据用引号来定义，如“Hello World!”、“123”，其中的数字也作为字符，不具备数量意义。

清单型（List）准确地说是一种数据结构，以其他 3 种数据类型为内容，是 NetLogo 中非常灵活好用的数据组织形式。用法见表 2–1。

清单的建构方法 **表 2–1**

语法	结果
list 1 2	[1 2]
list 1 “2”	[1 “2”]
(list 1 “2” true)	[1 “2” true]，3 项及以上单元用（ ⋯ ）
list turtle 1 turtle 2	[(turtle 1) (turtle 2)]，注意不是代理人集
list turtles patches	[turtles patches]
list list 1 2 list 3 4	[[1 2] [3 4]]，多维清单
[who] of sheep	[23 12 34 ⋯⋯]，顺序随机

可见清单中的单元可以是不同的数据类型，而且清单可以包含清单，形成相当于矩阵或多维数组的多维清单。对清单中单元的索引方法见表 2–2。

清单中单元的索引方法 **表 2–2**

语法	结果
item 0 [1 2 3]	1。item # 为单元索引函数，# 为序号，第一个单元的序号为 0
item 1 item 1 [[1 2] [3 4]]	4
but-first [1 2 3]	[2 3]。索引除了第一个单元的所有单元
but-last [1 2 3]	[1 2]。索引除了最后一个单元的所有单元
sublist [1 2 3 4] 1 3	[2 3]。sublist #1 #2 为一定范围内单元的索引函数，#1 为起点序号（包含），#2 为终点序号（不包含）

向清单中添加或从中删除单元的方法见表 2–3。

清单单元的添加和删除方法 **表 2–3**

语法	结果
fput 4 [1 2 3]	[4 1 2 3]。将单元插入既有清单最前面
lput 4 [1 2 3]	[1 2 3 4]。将单元插入既有清单最后面
sentence [1 2 3] [4 5]	[1 2 3 4 5]。合并清单。注意不同于：list [1 2 3] [4 5]，这将得到 [[1 2 3] [4 5]]
remove-item 1 [1 2 3 4]	[1 3 4]。删除清单中序号为 1 的单元
remove 1 [1 2 1 4]	[2 4]。删除清单中值为 1 的单元

对字符串中的字符的操作与清单类似，用法见表 2–4。

字符串字符的操作方法 **表 2–4**

语法	结果
but-first "string"	"tring"
but-last "string"	"strin"
empty? ""	true
empty? "string"	false
first "string"	"s"
item 2 "string"	"r"
last "string"	"g"
length "string"	6
member? "s" "string"	true
member? "rin" "string"	true
member? "ron" "string"	false
position "s" "string"	0
position "rin" "string"	2
position "ron" "string"	false
remove "r" "string"	"sting"
remove "s" "strings"	"tring"
replace-item 3 "string" "o"	"strong"
reverse "string"	"gnirts"

2.1.3 过程

过程（Procedure）是达成一定目的的一组代码的集合，分为***命令***（Command）和***函数***（Reporter）两类。它们之间没有本质的区别，只是函数返回值，而命令不返回。将重复使用的代码编写为过程，有利于提高编程的效率。

命令以关键词 to 开始，后面跟命令的标识，可带或不带参数，以 end 结束。例如：

```
to setup    ; 不带参数的过程
  clear-all
  create-turtles 10
  reset-ticks
end

to draw-polygon [num-siedes len]    ; 带参数的过程
  pen-down
  repeat num-sides [
    fd len
    rt 360 / num-sides
  ]
end
```

draw-polygon 命令带两个参数 num-sides（边数）和 len（边长），它们在命令标识后的 [···] 中声明之后，就可用于过程中。执行该命令，画笔放下，接着重复执行 num-sides 以下命令：前进 len 的距离，向右转 360 / num-sides 的度数。可见这是一个以海龟为主体的命令，如果要画一个边长为 3 的六边形，可输入：

```
ask turtles [draw-polygon 6 3]
```

函数以关键词 to-report 开始，在结束之前要用 report 命令返回值，其他定义的规则与命令一致。如带参数的函数：

```
to-report absolute-value [number]
  ifelse number >= 0
    [report number]
    [report ( - number ) ]
end
```

这样，执行 absolute-value –5，就会返回 5。

2.1.4 语境

语境（Context）是主体执行命令的环境。辨识清楚语境属于哪个或哪些主体，对于正确编写 NetLogo 程序是非常重要的基本功；掌握不好就很容易出错，也往往会给错误排查带来困难。如下例：

```
to go
  ; 观察者语境
  let step random 10
  ask turtles [
    ; 海龟语境
    set heading random 360
    fd step
    ask patch-here [
      ; 嵌块语境
      set pcolor white
    ]
  ]
end
```

这里包含了观察者、海龟、嵌块三层语境，观察者请求海龟，海龟请求自身所在的嵌块。注意只有观察者能够请求所有的海龟、嵌块或链接，海龟、嵌块和链接只能请求部分的海龟、嵌块或链接。例如：

```
to go
  let step random 10
  ask turtles [
    ask other turtles [
      set heading random 360
      fd step
      ask patch-here [set pcolor white]
    ]
  ]
end
```

这里多了一个 other turtles（除自己以外的其他海龟）的语境。因为请求的主体是海龟，所以这个请求是合规的。试问每个海龟移动了多少次？

2.1.5 控制

当需要有条件地执行命令，就需要用到控制语句。

（1）if、ifelse 和 ifelse-value

条件语句 if 的语法是：if 条件 [⋯]。当条件为真，则执行 [⋯] 中的命令，如：

```
if xcor > 0 [set color blue]
```

ifelse 语句的语法是：ifelse 条件 [⋯1] [⋯2]。当条件为真，执行 [⋯1] 中的命令，条件为假，执行 [⋯2] 中的命令，如下例用嵌套的方式根据不同的条件改变颜色：

```
ifelse x < 100
  [set color red]
  [ifelse x < 200 [set color blue] [set color yellow]]
```

ifelse-value 语句的语法是：ifelse-value 条件 [value1] [value2]。当条件为真，执行并返回 value1；条件为假，执行并返回 value2，如：

```
ask patches [
  set pcolor ifelse-value ( pxcor > 0 ) [blue] [red]
]
```

（2）loop

无条件循环语句 loop 的语法是：loop [⋯]。命令将被循环执行，因此必须在 [⋯] 中用 stop 结束循环。

（3）repeat

有限次重复语句 repeat 的语法是：repeat # [⋯]，# 是重复执行的次数。

（4）while

条件重复语句 while 的语法是：while [条件] [⋯]，当条件满足时，执行 [⋯]。例如：

```
let i 0
while [i < 100] [
  ask turtles [fd 1]
  set i i + 1
]
```

这里将局部变量 *i* 作为计数器，其在 100 以内便请求海龟向前移动 1 个单位距离，最后将计数器进行累计，再返回 while 进行判断。实际编写过程中往往会遗漏计数累加的部分而导致无限循环，需要注意。

（5）foreach

对清单中的单元进行枚举循环用 foreach 语句，语法为：foreach 清单 [⋯]。例如：

```
foreach [1.1 2.2 2.6] show
```

将顺序输出 1.1、2.2、2.6。当命令较为复杂时，需要对清单单元进行指代，如：

```
foreach [1.1 2.2 2.6] [[x] ->
  show ( word x “ -> ” round x ) ]
]
```

这里 [x] 指代清单单元，作为 word 函数和 round 函数的参数。结果将显示：

```
“1.1 -> 1”
“2.2 -> 2”
“2.6 -> 3”
```

foreach 也可对多个清单同时枚举，前提是清单的长度必须一致。如：

```
( foreach [1 2 3] [2 4 6] [[a b] ->
  show word “the sum is : ” ( a + b )
])
将得到：
“the sum is : 3”
“the sum is : 6”
“the sum is : 9”
```

这里用 *a*、*b* 两个变量指代清单 1 和清单 2，注意 2 个以上清单就需要在 list 外添加（ ）。再例如：

```
(foreach list (turtle 1)(turtle 2)[3 4] [[the_turtle num_steps] ->
  ask the_turtle [fd num_steps]
])
```

这里还是两个清单，第一个是两个海龟的集合 [（turtle 1）（turtle 2）]，第二个是 [3 4]。执行的结果就是海龟 1 移动 3 个单位，海龟 2 移动 4 个单位。

2.1.6 文件输入输出

当 NetLogo 模型需要将信息从外部文件输入或向外部文件输出的时候，可以使用以 file- 开头的一系列文件操作命令。

对文件进行操控之前，需要用 file-open 命令将其打开，如：

```
file-open "c：\\temp\\netlogo\\file.txt"
```

该命令之后是文件名的字符串，包含文件的路径，也可以是字符串变量。需要注意的是路径分隔符为"\\"或者"/"。如果之前用 set-current-directory 命令设定了当前的路径，文件名中也可以省略路径。如果该文件不存在，将新建一个文件；如果需要删除之前的同名文件，可先用 file-exists? 函数进行判断，然后用 file-delete 命令删除。打开文件后，可以进行写入操作，如：

```
file-write 1
file-write true
file-write "2"
file-write list 3 4
file-write turtle 0
file-close
```

用 file-write 命令可以向文件中写入任何类型的变量，最后用 file-close 将文件关闭。打开该文件，将显示类似：1 true "2" [3 4]（turtle 0），每个被写入的单元之间用空格分隔。

通过这种方式输出的文件，可以用 file-read 命令逐个读取内容单元，如：

```
file-open "c：\\temp\\netlogo\\file.txt"
file-read
file-read
file-close

将得到：
1
true
```

2.1.7 键盘及鼠标响应

NetLogo 提供了基本的通过键盘和鼠标与模拟过程互动的功能。图 2-2 示例了将按钮用快捷键来定义的方法，这样就可以直接通过按键来控制按钮。

图 2-2 定义键盘快捷键

■ **创建一个循环执行按钮 go，并定义如下过程：**

```
to go
  if mouse-inside? and mouse-down? [
    crt 1 [setxy mouse-xcor mouse-ycor]
  ]
end
```

首先用 mouse-inside? 函数判断鼠标是否在世界范围内，同时用 mouse-down? 函数判断鼠标是否处于按下的状态。两者皆为真时，生成一个海龟，紧接着通过 mouse-xcor 和 mouse-ycor 函数将其坐标设为鼠标所在位置对应世界中的坐标。但因为 go 在不断循环执行，如果鼠标按下时间较长，就会生成很多海龟。一种解决办法是在生成一个海龟后用 stop 结束 go 命令。

2.2 多代理人模型设计方法论

如何设计多代理人模型没有必须遵循的规则，因模型针对的问题、设计者的偏好以及所使用的多代理人模拟工具而异。不过，遵循一定的设计方法论和惯例，有助于厘清设计思路，提高设计效率，便于交流理解。这里介绍的方法论包括四个主要步骤：问题（Question）、概念（Concept）、机制（Mechanism）、程序（Programming），简称 QCMP。在实践中，这很可能不是一个线性的步骤，会随着设计的不断完善而反复。

2.2.1 问题

运用多代理人模拟通常是为了解决问题的，那么提出问题就是关键，决定了模拟的目标。问题越明确，越具体，就越有利于模型的设计，因为这将模型涉及的要素限定在相关的范围内，令目标更容易量化，从而更适合用模拟的方法来处理和表现，更便于判断模拟结果是否达到了预期。以狼吃羊模型为例，研究的问题可能是:①狼和羊在什么样的初始数量或比例下可以共存，而不会导致任一种群的灭绝?②如果可以共存，它们之间的数量关系是恒定的，还是波动的?③如果是波动的，是周期性的，还是无规律的?④如果是周期性的，周期为多长?

2.2.2 概念

多代理人模拟的初学者容易犯的一个毛病是急于编写程序，而忽视了对模型相关概念的梳理，往往回过头来才发现做了很多无用功。从问题出发，以目标为导向，厘清模型要素，界定概念的内涵，可以起到事半功倍的作用。

（1）尺度和精度

首先，特定的问题在特定的空间尺度下才有意义或可模拟。以上面的问题①为例，研究所关心的狼和羊的初始数量比例应该得自对一个相对完整、独立的生态空间（如一片草场）中狼和羊的数量的统计，而不可能扩大到整个地球，也不应该缩小到几只狼和羊的活动范围。确定合适的模拟尺度，就是需要界定相关要素发生相对紧密联系的空间。

其次，复杂的现实世界不一定需要在模型中一一体现，在可接受的结果精度下，模型或多或少需要简化现实，把握主体，忽略细节，在空间、时间、代理人、行为等方面采取合适的精度。仍以狼吃羊模型为例，空间精度就是一个嵌块所代表的实际草地的尺寸，时间精度就是一个 tick 代表的实际的时间，时空精度过大会影响结果准确度，过小会影响模拟的效率。

（2）代理人

模型中需要哪些类型的代理人同样遵循抓大放小的原则。在狼吃羊模型中，狼、羊、草足以描绘这个生态系统（图 2-3），而类似昆虫这种在现实中起到一定作用，但对于模型关心的问题影响有限的代理人，就不需要考虑了；通过模拟细胞来涌现狼和羊就显然更没有必要了。另外，一个代理人或许对应一只羊，也可以对应 10 只羊，但如果是 100 只羊呢?选择合适的代理人类型和代理人指代的群体规模，有赖于用户对模拟的目标和现实对象的理解。除了观察者，将所模拟的现实对象类型与

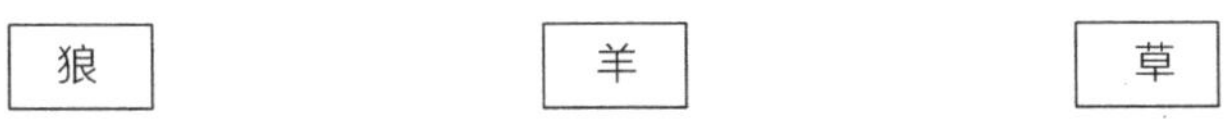

狼	羊	草

图 2-3　狼吃羊模型中的三类代理人

最适合的代理人类型对应是毫无疑问的，海龟用来模拟可移动的个体，链接用来模拟个体之间的联系，嵌块用来模拟空间上固定的个体。由于嵌块无法定义种群，无法在同一空间上定义表征不同现实空间类型的嵌块（如地面和地下），这时可以通过定义不同的嵌块属性来解决。

（3）行为

模拟代理人的哪些行为同样需要思考，在满足目标的前提下，抓住主要行为，忽略细节行为；用简单的行为机制能模拟的，就不用复杂的机制。代理人的行为按照对象大体上可分为自身行为和交互行为两大类，自身行为只操控自己的属性，交互行为涉及代理人之间的互动。狼吃羊模型中（图 2–4），狼的自身行为包括移动和繁殖，交互行为是吃羊；羊的自身行为也是移动和繁殖，交互行为是吃草；草的自身行为就是繁殖。

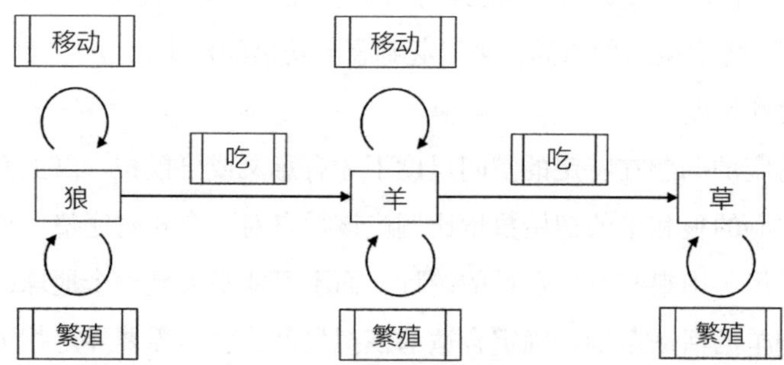

图 2–4　狼吃羊模型中的代理人行为

在这个设计阶段，可以先写下程序的框架（或称假代码），但暂时不细化具体的过程，主要是为了整理思路。如以下代码：

```
breed [wolves wolf]
breed [sheep a-sheep]

to go
  ask wolves [wolf-go]
  ask sheep [sheep-go]
  ask patches [grass-reproduce]
end

to wolf-go
  wolf-move
  if ( wolf meets sheep ) [wolf-eat-sheep]
  wolf-reproduce
end

to wolf-eat-sheep
  ; 狼吃羊
end
```

```
to wolf-reproduce
  ; 狼繁殖
end

to sheep-go
  sheep-move
  sheep-eat-grass
  sheep-reproduce
end

to sheep-move
  ; 羊移动
end

to sheep-eat-grass
  ; 羊吃草
end

to sheep-reproduce
  ; 羊繁殖
end

to grass-reproduce
  ; 草生长
end
```

（4）属性和变量

除观察者，代理人的属性是一系列内置变量和自定义变量的集合。既然是变量，那其存储的信息就应该是可变的，这改变可能在代理人发生行为的时候，或在比较不同参数下的模拟的时候。任何情况下不发生变化的值就是常量，任何情况下都用不到的变量是多余的；精简概念也是一个设计原则。在模拟的过程中，有些变量对于每个代理人都可能取不同的值（如能量），那么它们就应该是代理人的属性变量；有些变量对于所有代理人，或者所有同类代理人是一样的（如阈值），那么就可以设为局部或者全局变量（图 2–5）。

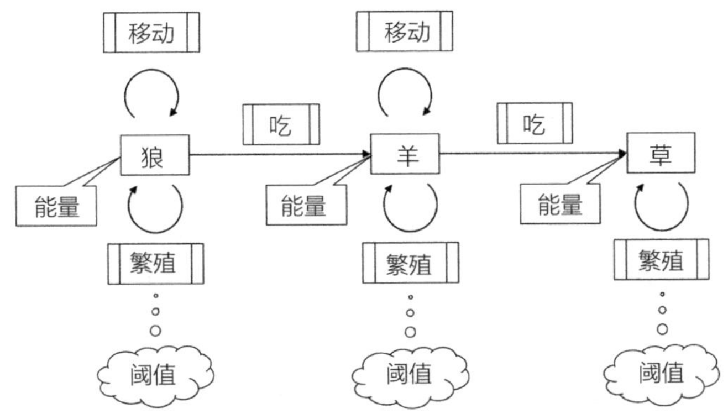

图 2–5 狼吃羊模型中的代理人变量

（5）指标

指标用来展示模拟结果，更重要的是应该直接回答问题。例如，针对以上狼吃羊模型的 4 个问题，指标和对应的表达形式可能如表 2–5。

对应问题的指标和形式　　表 2–5

问题	指标	形式
狼和羊在什么样的初始数量或比例下可以共存，而不会导致任一种群的灭绝	狼的初始数量 羊的初始数量 狼和羊的初始数量比例	滑动条、监视器、图 滑动条、监视器、图 监视器、图
如果可以共存，它们之间的数量关系是恒定的，还是波动的	比例随时间变化的形态	图
如果是波动的，是周期性的，还是无规律的	比例随时间变化的形态	图
如果是周期性的，周期为多长	周期的 tick 数	监视器、图

2.2.3　机制

机制是对现实过程的虚拟，是多代理人模拟的核心要素。代理人行为机制的逼真程度对涌现的虚拟世界的逼真程度具有决定性的影响，因此采用可靠的、经检验的机制应该是模型设计时的首选，经典的教科书、高质量的学术文献都应该是模拟机制的主要来源。如果这是一个尚未被研究的行为，那么就需要自己来研究相对应的机制：从观察并定性地理解行为发生的原因和规则开始，再用数学模型进行实证并得到参数。多代理人模拟也可以成为研究机制的工具，研究者可以在多代理人模拟中尝试不同的机制，来比较哪个模拟结果最为接近现实的观察，作为选择最优机制的依据。第 5 章将介绍应用多代理人模拟研究机制的一个环节——参数标定。在同一个规则之下，可能有不同的机制（如数学模型形式）来具体表征，有些机制可能包含较多的要素、过程和较复杂的过程。原则上，在达到相近模拟效果的前提下，还是尽量采用简单、容易实现的机制。

至此，最好把该模型的主要概念和机制进行梳理，形成如表 2–6 的汇总表。

2.2.4　程序

在以上步骤比较完善之后，可以画一张模拟流程图（图 2–6），把模拟的各个环节联系起来，进一步厘清程序开发的思路。每个模拟都会从初始化过程（如 setup）开始，用来设定世界、代理人、参数等的初始状态。主过程一般按逻辑循环执行子过程，因此其代码内容往往不多，而重在对子过程的有序组织。如在狼吃羊的 go 过程中，顺序执行狼的行为、羊的行为、草的行为，最后输出指标。执行的逻辑如何

对狼吃羊模型中主要概念和机制的梳理　　表 2–6

代理人	项目	名称 / 内容	注释
羊（海龟）sheep，a–sheep	属性	energy	能量，用于吃草、移动、繁殖等过程
	行为	move	随机转向，移动一步
		eat–grass	吃草，获得能量，改变栅格颜色
		reproduce	繁殖，能量超过阈值，原地 hatch 一只羊，初始能量等于超过阈值部分
狼（海龟）wolves，wolf	属性	energy	能量，用于吃羊、移动、繁殖等过程
	行为	move	随机转向，移动一步
		eat–sheep	吃羊，获得能量
		reproduce	繁殖，能量超过阈值，原地 hatch 一只狼，初始能量等于超过阈值部分
草地（栅格）	属性	countdown	繁殖倒计时器
	行为	grow	如果草已被吃完，且 countdown<0，重新生长
指标		羊的数量	count sheep
		狼的数量	count wolves
		草的数量	count patches
		达到平衡的时间	ticks
观察者	全局变量	Energy_sheep_eat_grass	羊吃草获得的能量
		Threshold_sheep_reproduce	羊繁殖的能量阈值
		Energy_wolf_eat_sheep	狼吃羊获得的能量
		Threshold_wolf_reproduce	狼繁殖的能量阈值

组织有赖于对行为机制的理解。主过程可以是无限循环的，靠用户自行终止；也可以是有条件地用 stop 停止。

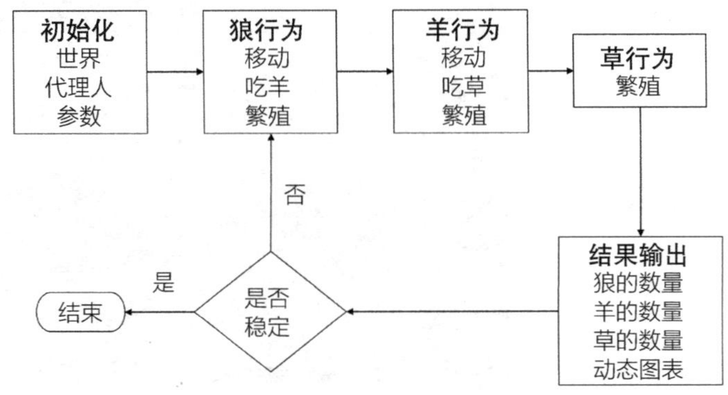

图 2–6　狼吃羊模型的模拟流程

2.3 案例解析

2.3.1 案例一：天体系统模型

如何模拟一个由多个天体构成的系统？这个系统不复杂，代理人只有星球，决定星球运动的就只有星球间的万有引力。那么，如何模拟万有引力影响星球运动的机制？

■ 建议：在往下看之前，尝试自己开发一个模型来模拟这样一个天体系统。该系统的初始条件是，每个星球有各自的质量和初始速度。

■ 该建议适用于之后的所有案例解析。

一个很容易想到的机制就是计算一个星球受到其他所有星球的引力，接着计算合力后，推导加速度和速度（图 2–7）。但要实现这个机制并不容易，计算合力需要多次用三角函数，对于不具备相关数学知识的用户来说是一个门槛。再次提醒读者，多代理人模拟是一种用“简单”涌现“复杂”的方法，在不具备相关数学知识或技能的时候，或当这些复杂机制难以实现的时候，用“笨拙”的、容易实现的机制达到目标正是多代理人模拟的强项。以下就介绍一个笨拙的替代模型。

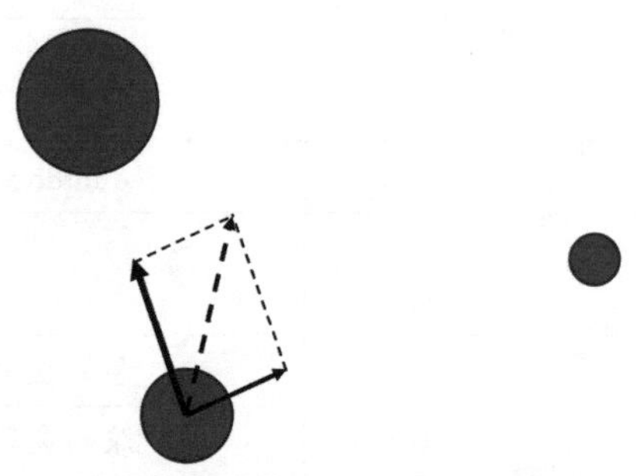

图 2–7 计算合力的天体运行模拟思路

该模型的界面如图 2–8 所示，包括若干控件，其中 Ratio_Earth_Mass 输入框用来设定即将生成的星球相对于地球的质量；Leave-track? 开关用来控制星球是否画出轨迹；图“Distance”用来显示某一个星球相对于其他星球的距离。

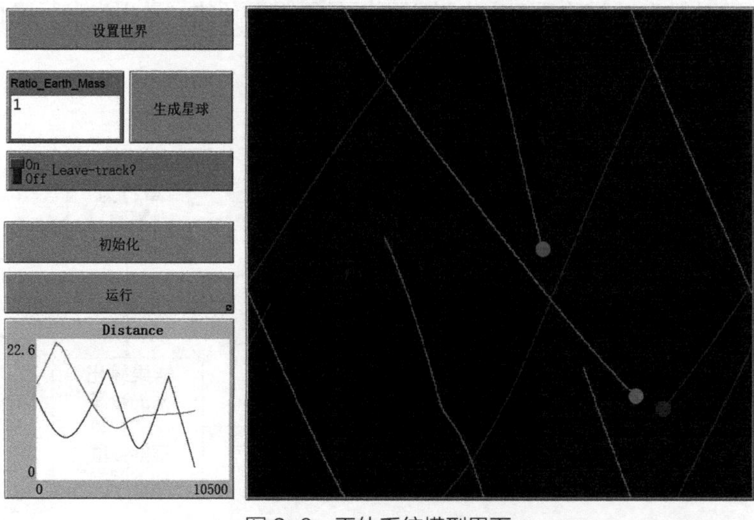

图 2–8 天体系统模型界面

■ 声明 planets 种群，自定义属性，并声明一些全局变量。

```
breed [planets planet]

planets-own [
  m     ; 天体质量
  v     ; 天体速度
  as    ; 加速度清单
  hs    ; 朝向清单
]

globals [
  G
  Earth_Mass
  Speed_Scale
  Target_Planet
  Rest_Planets
]
```

■ 设定全局变量作为参数。生成一个星球时，随机生成坐标和速度。

```
to obs-reset
  ca
  set G 6.673e-6
  set Earth_Mass 5.9722
  set Speed_Scale 1e-3
  set-current-plot "Distance"
end

to obs-create-planet
  create-planets 1 [
    set shape "circle"
    setxy random-xcor random-ycor
    set m Earth_Mass * Ratio_Earth_Mass
    set v ( random 100 + 1 ) / 10 * Speed_Scale
    set size sqrt Ratio_Earth_Mass
    set as []
    set hs []
  ]
end
```

■ 初始化运行条件，任选一个星球作为“目标”，在图中新建与其他星球同样数量和颜色的画笔，用来显示这些星球与目标星球的距离。

```
to obs-setup
  set Target_Planet one-of planets
  ask Target_Planet [
    set Rest_Planets other planets
  ]
  ask Rest_Planets [
    create-temporary-plot-pen word who “”
    set-plot-pen-color color
  ]
  reset-ticks
end
```

■ **定义主过程 go：**

```
to obs-go
  if obs-check-planet-crash? [
    user-message ( word “Planets crash! The world existed for ” ticks
“years” )
    stop
  ]
  ifelse Leave-track? [
    ask planets [pd]
  ]
  [
    cd
    ask planets [pu]
  ]
  ask planets [planet-accelerate]
  ask planets [planet-move]
  obs-draw-plot
  tick
end
```

■ **定义判断星球是否相撞的函数。**

```
to-report obs-check-planet-crash?
  let crashed? false
  ask planets [
    ask other planets [
      if distance myself < size + [size] of myself [
        set crashed? true
        stop
      ]
    ]
  ]
  report crashed?
end
```

是否相撞的判断基于两个星球之间的距离。计算距离用到了 myself，注意这里的语境是 other planets 的，那么 myself 就是请求者 planets。

■ 定义星球加速过程和移动过程。注意在过程命名时，在行为前加上主体的建议用法。

```
to planet-accelerate
  let acc 0     ; 加速度
  ask other planets [     ; 计算引力
    set acc G * m / ( distance myself ^ 2 )
    ask myself [
      set as lput acc as
      set hs lput towards myself hs
    ]
  ]
end

to planet-move
  let x xcor      ; 当前的 x 坐标
  let y ycor      ; 当前的 y 坐标
  fd v
 ( foreach as hs [[a h] ->
    set heading h
    fd a
  ])
  set v distancexy x y
  set heading ( towardsxy x y ) + 180
  set as []
  set hs []
end
```

对于一个星球，其请求其他星球计算它们之间的引力加速度 acc，并将加速度和朝向添至加速度清单 as 和朝向清单 hs。注意这里用了两层的 myself。第一层 myself 在 other planets 语境下，那么 myself 就是这个星球，同时也是第二层请求的主体；在这第二层语境下的 myself 就是之前请求它的 other planets。接着，该星球在移动当前速度 v 距离之后，通过 foreach 遍历 as 和 hs 中的要素，该星球依次调整朝向为 h，并移动 a 距离（假设很短的单位时间内，加速度等于速度）。最后，将当前速度更新为与原始坐标的距离，朝向原始坐标并翻转 180° 作为当前的朝向，清空 as 和 hs。

■ 为什么要将相对其他星球的加速度和朝向设为清单？试想如果没有 as 和 hs，该星球依次在其他星球的吸引下移动（如以下代码），会有什么不同？

```
let acc 0
let hea 0    ; 朝向
ask other planets [
  set acc G * m / ( distance myself ^ 2 )
  set hea ( towards myself ) + 180
]
set heading hea
fd acc
```

不同在于这段代码下该星球的受力位置是不断变化的，就不能更准确地模拟该星球在原位置上同时受到其他星球吸引的情况。而将加速和移动过程分开也是考虑到更准确地模拟所有星球同时相互影响的状态。

■ **定义作图过程，画出其他星球与目标星球的距离。**

```
to obs-draw-plot
  ask Rest_Planets [
    set-current-plot-pen word who ""
    plot distance Target_Planet
  ]
end
```

通过这个案例，一方面展示了在可接受的误差范围内（假定很短单位时间内的加速度等于速度），通过让代理人执行简单的机制来近似复杂机制下行为的思路；另一方面，提醒读者 NetLogo 语言的序列执行特性，之前代理人的行为会改变之后代理人的行为环境，如果同时性是该模拟的重要方面，那么就需要设计特定的机制来模拟同时性。

2.3.2 案例二：另一种文件输入方式

之前介绍的文件输入输出方式有一个缺点就是文件的格式与通常的文件格式并不完全适应，特别是要求字符串带引号，一般的软件输出时不具有这种功能。例如，用 Microsoft Excel 编辑一个人员名单，保存为常用的 txt 文件（制表符分隔）或 csv 文件（逗号分隔），将得到如图 2-9 的结果。

这里介绍的方法主要采用 read-from-string 函数，其可以将字符串转换为好比直接在命令中心输入的效果。以 csv 文件为例，代码的主体部分如下：

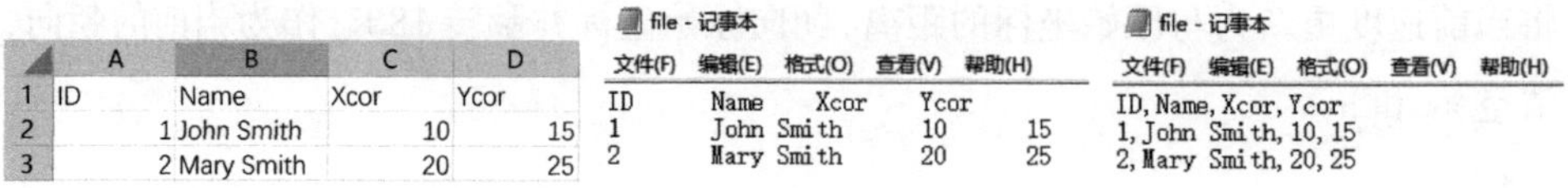

	A	B	C	D
1	ID	Name	Xcor	Ycor
2	1	John Smith	10	15
3	2	Mary Smith	20	25

（a）

file - 记事本
文件(F) 编辑(E) 格式(O) 查看(V) 帮助(H)

```
ID	Name	Xcor	Ycor
1	John Smith	10	15
2	Mary Smith	20	25
```

（b）

file - 记事本
文件(F) 编辑(E) 格式(O) 查看(V) 帮助(H)

```
ID,Name,Xcor,Ycor
1,John Smith,10,15
2,Mary Smith,20,25
```

（c）

图 2-9　输出文本文件的内容
（a）Excel；（b）txt；（c）csv

```
turtles-own [id name]

to import-file
  let strl []
  let str “”
  ca
  file-open “c：\\temp\\file.csv”
  file-read-line    ；读入标题行 “ID，Name，Xcor，Ycor”
  while [file-at-end? = false] [   ；如果不是位于文件最后，继续循环
    set strl str-to-strlist file-read-line  ；将当前行转为字符串清单
    crt 1 [
      set id read-from-string item 0 strl    ；将字符串读为数字
      set name item 1 strl    ；仍为字符串
      setxy read-from-string item 2 strl read-from-string item 3 strl
    ]
  ]
  file-close
end
```

给海龟定义了 id、name 两个属性变量，声明了一个清单 strl 用来存放字符串。打开文件后，用 file-read-line 读入标题行，但不作任何处理。接着用 while 判断是否到达文件的最后，未达最后则将新读入的一整行字符串通过自定义的 str-to-strlist 函数转换为字符串清单，[“1”“John Smith”“10”“15”]。新建一个海龟并对其属性变量赋值，将 0 号单元用 read-from-string 转换为数字 1 赋给 id；name 是字符串变量，不用转化 1 号单元；最后将 2、3 号单元转化为数字用来设定海龟的坐标。str-to-strlist 是这里的关键函数，定义如下：

```
to-report str-to-strlist [strin]
  let strout []    ；用于输出
  let str strin
  let pcomma position “，” str    ；“，”的位置
  while [pcomma != false] [    ；仍有 “，”
    ；提取 “，” 之前的字符串，放在 strout 的最后
    set strout lput substring str 0 pcomma strout
    ；将 “，” 之后的字符串赋给 str
    set str substring str ( pcomma + 1 ) length str
    set pcomma position “，” str
  ]
  report lput str strout    ；将最后一个字符串放入 strout 并返回
end
```

该过程循环地识别“，”，提取之前及之后的字符串放入字符串清单 strout，最后将其返回。NetLogo 的 csv 扩展（Extension）也具有同样的功能，其中的 csv：from-row 函数与 str-to-strlist 的效果类似，首先在代码最上部声明 csv 扩展即可使用：

```
extensions [csv]

set strl csv：from-row file-read-line
```

2.4 本章小结

本章首先讲述了 NetLogo 的基本概念以及其中的典型命令、函数和用法。这只是开始，要掌握 NetLogo 多代理人模型开发只有通过多加练习来理解这些概念在开发过程中的作用，才能够恰当而巧妙地使用它们。解读现有的模型就是一种非常好的练习方式，尽管很可能遇到本章未涉及的语句和语法，但只要学会使用用户手册，熟练掌握 NetLogo 只是时间问题。另外，尝试写自己的程序也是必需的，起初可以“依葫芦画瓢”地以现有模型为模板来改写成自己的程序，渐渐地就要练习按照自己的思路来开发，这是一个不断挑战并收获开发技能、成就感和自信心的过程。

每个人开发模型的思路和方法都各具特点，本章介绍的 QCMP（问题—概念—机制—程序）方法论，虽说不是唯一的多代理人模型开发思路，但以问题为导向来引领模型开发的做法再多强调也不为过。问题导向的好处在于从一开始就把握住模拟的目的、目标与核心概念来指导模型的实现，更容易避免在开发过程中走弯路，模拟结果回答不了要解决的问题这样的情况，三思而后行。

2.5 练习

（1）从模型库中找一个案例，尝试逐句“翻译”代码，理解代码的作用。

（2）尝试对现有的代码进行局部的修改，看模拟结果是否符合预期。如，在狼吃羊模型的基础上，改写羊移动的代码，使得当狼碰到羊的时候，有一定的概率羊能够逃走（提示：在词典中，搜索有关随机数 random 的信息）。

（3）在狼吃羊模型中，尝试引入第三个物种，可以吃羊，也可以吃狼或者被狼吃；达到这个世界的生态平衡，需要什么样的条件？

（4）如果繁殖的机制变为必须以雄性和雌性相遇为条件，模拟结果会如何变化？

（5）用海龟画出不同的几何图形（Pen-down）。

（6）编写一个过程，使得海龟跟随鼠标移动。

（7）写一个函数，输入一段英文文字，输出其中词语的数量。

（8）写一个函数，输入两个数字清单，进行矩阵运算，并输出结果。

（9）输出一个文件，其中包含 3 列数据，第一列是每个模拟回合的 tick，第二列是某只羊的能量，第三列是某只狼的能量。

（10）根据 QCMP 的思路，在城市规划领域选择一个可以用多代理人模拟解决的问题，思考：模型中有哪些代理人？代理人有哪些属性和行为？代理人身处的环境是怎样的？模型运行的每一步过程中会按顺序发生哪些事件？模型会输出哪些结果？你对模拟结果的预期是怎样的？

3

模拟环境

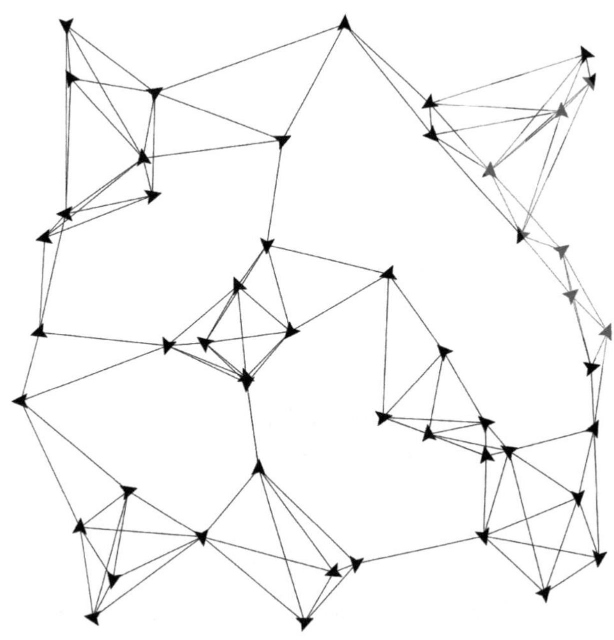

本章的目标是系统地认识 NetLogo 用来模拟空间的代理人——嵌块的特性，掌握空间模拟以及空间与海龟互动模拟的基本技巧；另外，掌握与嵌块密切相关的位图扩展模块的核心功能。

3.1 嵌块

嵌块是 NetLogo 模型中最为常用的环境代理人，一般用来代表实际的二维平面空间，一个嵌块表达一定尺度的正方形二维空间。三维空间的模拟可以用 NetLogo 3D 环境，这里对应二维嵌块的代理人是三维的立方体（Torus）；海龟也可以在三维空间中移动，它们的属性中不仅具有平面的朝向（Heading），还有竖向的仰角（Pitch）。不过，NetLogo 3D 的功能还不如 NetLogo 那样完善，本书对此不作介绍。城市规划的大部分工作在二维空间开展，因此用嵌块作为代理人一般是够用的；而且一定程度上也可以通过一些办法模拟多维空间，例如对嵌块设定高程属性或者采用分层模拟。

3.1.1 嵌块的范围

每个嵌块的标识是其在世界中的坐标（pxcor，pycor），坐标值为整数，因此是一个离散的空间。而世界的空间是连续的，海龟移动的距离、朝向、代理人之间的距离都可以是含小数点的实数。那么，嵌块的离散空间与世界的连续空间是怎样的对应关系？ NetLogo 规定，嵌块的坐标是嵌块的中心点，嵌块的范围包含嵌块边界以内，加上其左边界（向左 0.5 个单位）、下边界（向下 0.5 个单位）和左下角，如图 3–1 所示。

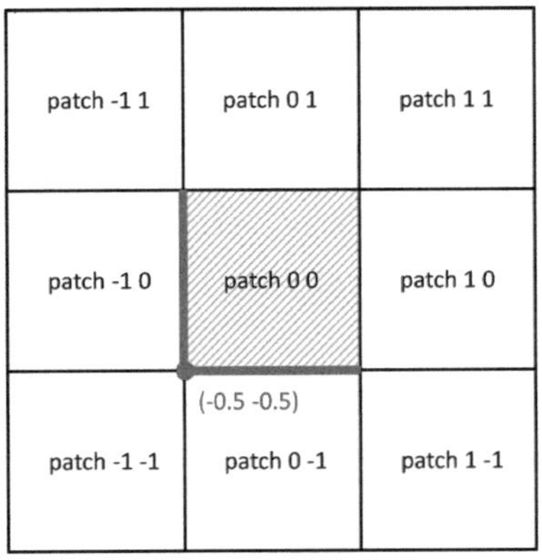

patch -1 1	patch 0 1	patch 1 1
patch -1 0	patch 0 0	patch 1 0
patch -1 -1	(-0.5 -0.5) patch 0 -1	patch 1 -1

图 3–1　嵌块的范围

可以应用 patch–here 函数来检验这个规定。该函数的执行主体是海龟，返回海龟所在的嵌块。

■ 通过命令中心建立一个海龟，尝试设定其不同的坐标，并返回其所在的嵌块。如：

```
crt 1 [setxy -0.5 -0.5]
ask turtle 0 [show patch-here]

将返回：( patch 0 0 )
```

3.1.2　导出与导入视图

视图（view）是在世界中显示的图像，视图中嵌块的色彩可以导出为和导入自位图文件，如此来与系统外部交换空间信息。导出的位图格式为 .png，命令为 export–view，后面跟文件名的字符串。

■ 将所有嵌块的颜色设为随机颜色并输出为图像。

```
ask patches [set pcolor random 100]
export-view "c：\\temp\\netlogo\\exported_view.png"
```

这里的文件名包括文件所在的完整路径。注意文件夹的分隔符号是“\\”或者“/”，NetLogo 将“\\”转译为“\”。以上的文件路径相当于“c：/temp/netlogo/”，在其中应该可以找到 exported_view.png 文件，图像类似图 3–2。

在设定当前路径的前提下，也可在输出时只写文件名，如：

```
set-current-directory "c：\\temp\\netlogo"
export-view "exported_view.png"
```

另一种方法是通过对话框来交互式设定输出文件：

```
export-view user-new-file
```

导入位图文件的格式支持 png、bmp、jpg、gif。导入后的形式有两种，一是作为***绘图***（Drawing），二是作为嵌块的颜色。导入为绘图的命令是 import-drawing，其将图像居中后按原长宽比缩放到世界的大小，导入前不会清空之前的绘图，而是叠加在原绘图之上。

■ **导入配套资源中的 import-pcolors_1.gif：**

```
import-drawing "c：\\temp\\netlogo\\import-pcolors_1.gif"
```

将发现图像呈现得有些模糊（图 3-3）。如果将嵌块的尺寸（Size）设为 1，再次导入绘图，就会显示与原图一致的边界清晰的图像。显示模糊的原因是对图像进行了缩放，从原先的尺寸（33 × 33 像素）缩放至世界的像素尺寸，而世界某一维度的像素量等于该维度的嵌块量乘以嵌块尺寸，所以当把嵌块尺寸设为 1，世界的像素量相当于嵌块量，就与图像一致了。

图 3-2　嵌块导出的图像

图 3-3　导入绘图后的模糊图像

在视图的不同位置右键打开嵌块的属性表，将发现这些嵌块的颜色都是黑色的（pcolor=0），而不是对应位置上绘图的颜色。注意区分绘图和嵌块，绘图好比蒙在嵌块之上的画布，导入为绘图不会改变嵌块的属性。

导入位图为嵌块颜色采用 import-pcolors 命令，其将图像居中后按原长宽比缩放至世界的大小，将像素的颜色赋给对应位置的嵌块。

■ **将 import-pcolors_1.gif 导入为嵌块颜色：**

```
import-pcolors "c：\\temp\\netlogo\\import-pcolors_1.gif"
```

如果之前没有清空世界，将看不到视图有任何变化。但是再打开嵌块的属性窗口时，将发现嵌块不是黑色的，说明导入嵌块颜色成功了。

之所以视图未变是因为绘图尚在，这时执行 clear-drawing（或 cd）命令就可以看到被赋予不同颜色的嵌块。这时视图是清晰的，因为原图像的像素量与嵌块的像素量在两个维度上都是一致的，所以没有进行图像缩放。

用同样的方法导入 import-pcolors_2.gif 文件，就会发现出现了明显的"过渡"颜色（图 3-4），因为该图像的尺寸（17 × 17 像素）与世界的尺寸不一致，进行了放大和补色。所以，如果不希望图像导入为嵌块颜色时被缩放，就要保证图像像素尺寸与世界尺寸一致。

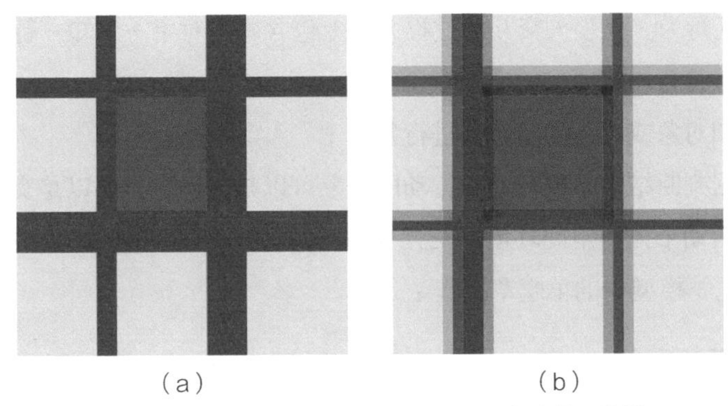

（a）　　　　　　　　　　（b）

图 3-4　不同像素的图像导入为嵌块颜色的结果比较
（a）图像像素与世界尺寸一致；（b）图像像素与世界尺寸不一致

仔细观察的话，会发现导入的嵌块颜色与原图像的颜色略有差别。这是因为 NetLogo 色盘中的颜色比较少，当导入图像像素的颜色在色盘中不存在时，就会用最接近的颜色来代替。如果希望保持原色，就用 import-pcolors-rgb 命令，使得嵌块的颜色用清单形式 [R G B] 来存储，3 个单元分别对应红、绿、蓝色系中的数值，如红色为 [255 0 0]。

运用导入图像为嵌块色彩的方法，就可以将空间信息赋予嵌块的属性，如下例：

```
patches-own [landuse preserved?]

to setup
  ca
  set-current-directory "c : \\temp\\netlogo"
  import-pcolors-rgb "import-pcolors_1.gif"
  ask patches [
    if pcolor = [255 0 0] [set landuse "Commercial" ]
    if pcolor = [255 255 0] [set landuse "Residential" ]
    if pcolor = [102 102 102] [set landuse "Road" ]
  ]
```

```
    import-pcolors-rgb "import-pcolors_3.gif"
    ask patches [
      set preserved? pcolor = [255 0 255]
    ]
end
```

这里先后导入了 2 个图像。导入第一个图像后，根据其 RGB 颜色来对 landuse 属性进行土地使用类型的赋值；导入第二个图像后，根据其 RGB 颜色来对 preserved? 属性进行赋值，界定规划保护的范围。

3.1.3 交互

代理人之间的交互是多代理人模拟的重要方面，NetLogo 中的各类代理人之间都可以定义交互行为。代理人交互的过程大体上包含确定对象—感知—行动三步：

（1）选择符合一定要求的交互对象；

（2）感知对象或自己的状态并进行判断；

（3）根据判断结果采取行动，行动的对象可以是自己，也可以是交互对象。

现实中活动个体与空间环境的交互在 NetLogo 中就由海龟和嵌块的交互来模拟。例如，在狼吃羊模型中的羊吃草过程：

```
to eat-grass
  if pcolor = green [
    set pcolor brown
    set energy energy + sheep-gain-from-food
  ]
end
```

该过程的执行主体是海龟（羊），交互对象是嵌块（草地）。这里没有明确的命令确定交互的具体对象，而是通过直接调用海龟所在嵌块的属性这一特殊用法来选定交互的对象，就是海龟所在的嵌块。接着用条件语句判断嵌块是否为绿色（有草），如果是则采取行动，改变嵌块为棕色（直接操控嵌块属性），并增加自己的能量。

可以更明确地选定交互嵌块的方法如下：

```
to locate-patch
  ca
  crt 1 [
    set heading 0
    set color yellow
    ; 将位于前方 2 个单位距离的嵌块设为黄色
    ask patch-ahead 2 [set pcolor yellow]
    ; 将位于左向 30 度、前方 4 个单位距离的嵌块设为红色
    ask patch-left-and-ahead 30 4 [set pcolor red]
    ; 将位于右向 60 度、前方 6 个单位距离的嵌块设为橙色
    ask patch-right-and-ahead 60 6 [set pcolor orange]
```

```
    ; 将位于相对自身（8，8）单位距离的嵌块设为绿色
    ask patch-at 8 8 [set pcolor green]
    ; 将位于 120 度方向、前方 10 个单位距离的嵌块设为蓝色
    ask patch-at-heading-and-distance 120 10 [set pcolor blue]
    ask patches with [
      ; 距自身的距离大于 3 且小于 15 个单位距离，同时朝向自身在 30~60 度
范围内的嵌块设为玫红色
      distance myself > 3 and distance myself < 15 and
      towards myself > 30 and towards myself < 60] [set pcolor magenta]
  ]
end
```

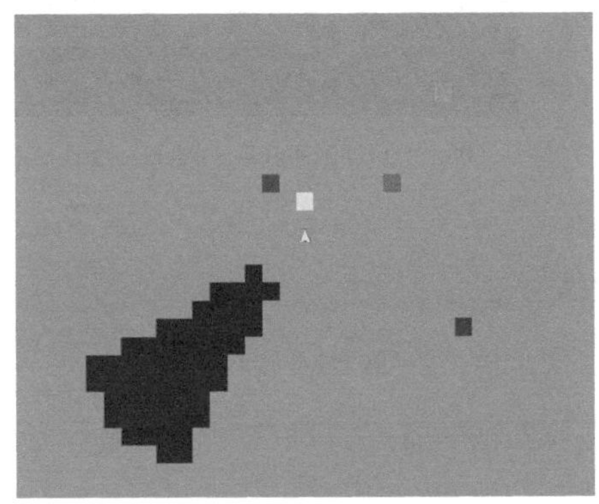

图 3-5　海龟定位嵌块

将得到图 3-5 的结果。其中最后一句采用了 with 命令来筛选符合条件的嵌块。注意 with 后的 [⋯] 中为嵌块的语境，那么 myself 就应该是请求嵌块的那个海龟。该筛选条件同时判断嵌块相对于海龟的距离和角度是否在一定范围内，相当于海龟的“感知范围”。这些定位嵌块的命令中，有些是海龟专属的，有些是海龟和嵌块共用的。

有一类命令同时包含了海龟确定嵌块对象—感知—行动三个步骤，就是 uphill / uphill4（相应 downhill / downhill4）。例如以下代码：

```
to up-hill
  ca
  ask patch 0 0 [
    set elevation 100
    ask other patches [set elevation 100 - distance myself]
  ]
  crt 4 [
    setxy random-xcor random-ycor
    set color yellow
    pd
    while [max [elevation] of neighbors > elevation] [uphill elevation]
  ]
  crt 4 [
    setxy random-xcor random-ycor
    set color red
    pd
    while [max [elevation] of neighbors4 > elevation] [uphill4 elevation]
  ]
end
```

图 3-6 显示了以上过程的一个结果。过程首先生成地形，以 patch 0 0 为最高点，其他嵌块离它越远，高程越低。先生成 4 个海龟，用 uphill 的“爬山”方式，比较

所在嵌块的高程与周边 8 个嵌块的高程，如果周边嵌块的高程存在比自己高的，就向高程最高的嵌块移动一次，否则就原地停留。这里用了 while 循环，以使得海龟不断向更高的嵌块移动；其条件部分用了 neighbors 命令，判断周边 8 个嵌块（摩尔邻域，The Moore Neighborhood）的高程中的最大值是否高于海龟所在嵌块的高程，这与 uphill 的感知范围一致。而另 4 个海龟采用 uphill4 方式，区别只是比较上下左右 4 个嵌块（冯纽曼领域，The Von Neumann Neighborhood）的高程，因此只在水平或垂直方向移动。

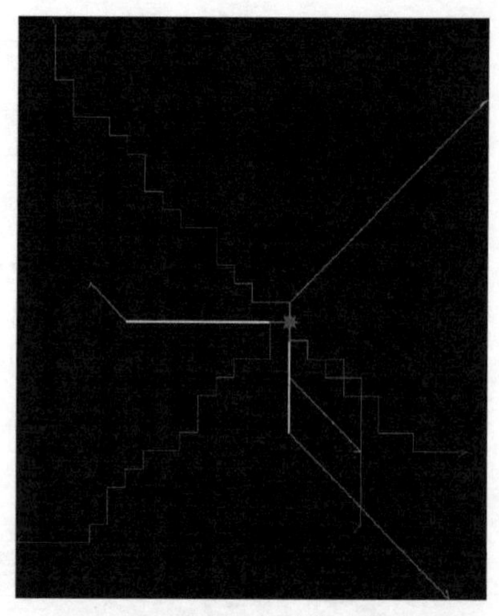

图 3-6　两种海龟“爬山”方式

反过来，以嵌块为主体与海龟进行互动，也首先需要定位特定的海龟对象。例如以下代码：

```
to locate-turtle
  ca
  ask patches [
    sprout 1 [set color grey]
  ]
  ask patch 0 0 [
    ask turtles-here [set color yellow]
    ask turtles-at 8 8 [set color green]
    ask turtles-on patches with [
      distance myself > 3 and distance myself < 15 and
      towards myself > 30 and towards myself < 60] [set color magenta]
  ]
end
```

将得到类似图 3-7 的效果。由于海龟的坐标是连续的实数，难以精确定位，因此定位海龟以嵌块为媒介。该过程中，所有嵌块先用 sprout 在其上产生一个海龟（相应，以海龟为主体用 hatch 命令）。以位于中心的嵌块为主体来定位海龟。turtles-here 返回该嵌块上所有的海龟；turtles-at 相当于首先用 patch-at 定位相对坐标的嵌块，再获取该嵌块上的海龟，也就是 turtles-on patch-at 8 8，类似于最后定位一定“感知范围”内的海龟。

图 3-7　嵌块定位海龟

海龟之间的交互是另一类重要的交互。如狼吃羊模型中的狼捕羊过程：

```
to catch-sheep
  let prey one-of sheep-here
  if prey != nobody
    [ask prey [die]
      set energy energy + wolf-gain-from-food
    ]
end
```

狼作为主体，首先选定发生交互的羊，这是通过 one-of sheep-here 来实现的。命令先通过 sheep-here（breed-here）函数将该狼所在嵌块上的羊集（特定种群集）调用出来，再用 one-of 函数随机返回其中的一个赋给 prey 变量。当然如果该嵌块上没有羊，就返回空代理人 nobody，所以先用 if 进行判断就不会出错。如果 prey 存在，则令其死亡，狼的能量增加，完成捕食。

而在社会科学（Social Science）模型库中的交通基础模型（Traffic Basic）中，海龟首先感知前方嵌块内是否有车辆，进而来调整速度。

```
ask turtles [
  let car-ahead one-of turtles-on patch-ahead 1
  ifelse car-ahead != nobody
    [slow-down-car car-ahead]
    [speed-up-car]
]
```

以上介绍的一些命令也同样适用于模拟嵌块之间的交互。元胞自动机（Cellular Automata，CA）模型就可以用嵌块的交互来实现。1970 年，John H. Conway 发明的“生命游戏”（Game of Life）推动了 CA 的发展（Wikipedia）。生命游戏模型通过定义嵌块与周边嵌块的简单交互规则，来研究涌现的空间状态变化的规律性。在 NetLogo 模型库的 Computer Science\Cellular Automata 文件夹中，就有一个 Life 模型，其中的核心规则也非常简单：如果嵌块的领域嵌块中有 3 个状态为生，那么该嵌块的状态为生；如果邻域嵌块中状态为生的嵌块不等于 2 个，那么该嵌块死亡。在不同的初始状态下，这个模型会涌现出不同的整体状态。

```
to go
  ask patches [
    set live-neighbors count neighbors with [living?]
  ]
  ask patches [
    ifelse live-neighbors = 3
        [cell-birth]
        [if live-neighbors != 2
           [cell-death]
        ]
  ]
  tick
end
```

3.2 世界的输出与输入

NetLogo 模型的世界不仅仅包括由嵌块组成的空间，还包括代码、代理人、全局变量、图等所有模型要素的总和。

■ 打开狼吃羊模型，运行模型，停止，用 export-world 命令输出世界。重新打开模型，用 import-world 输入世界。

```
export-world "c：\\temp\\netlogo\\exported_world.csv"
import-world "c：\\temp\\netlogo\\exported_world.csv"
```

应该能看到，输入世界文件后，世界中的代理人数量和属性、全局变量的值都和输出世界时相同，这样就便于保存模拟过程的某个节点，以此为起点比较不同参数设定下的模拟结果。输出的世界文件用 csv 格式存储，可用 Excel 打开，它是一个内容完全开放的存储格式，具体的值修改保存后再输入到 NetLogo 中就会相应改变；也可以用插入记录的方法"手动"添加海龟，前提是属性值不与其他海龟冲突（如 who），并符合语法规则。

3.3 Bitmap 扩展

Bitmap 扩展提供了更多的位图操控功能。首先澄清几个主要概念：

（1）位图文件（File）：输入或输出 NetLogo 的对象，格式包括 png，jpg，gif 和 bmp；

（2）图像（Image）：位图文件在内存中的形式；

（3）绘图（Drawing）：图像在画布上的显示，注意不是嵌块颜色；

（4）视图（View）：世界中显示的内容。

■ 定义并执行以下过程，输入配套资源中的位图文件，然后输出：

```
extensions [bitmap]
globals [img]
to import-img
  set img bitmap：import "c：\\temp\\netlogo\\bitmap.gif"
end

to export-img
  bitmap：export img "c：\\temp\\netlogo\\bitmap_exported.gif"
end
```

其中全局变量 img 用来存放输入的位图文件。执行 import-img 后，世界没有发生任何变化，因为 img 在内存中，图像不可见；再将其输出后，可在磁盘中找到相应文件名的，与原位图文件内容完全相同的文件。

■ **采用以下方法将图像显示在绘图中，并尝试不同的参数，观察变化：**

```
to draw-img
  cd
  bitmap:copy-to-drawing img 0 0
  bitmap:export bitmap:from-view "c:\\temp\\netlogo\\from-view.gif"
end
```

命令最后的两个数字为所显示图像的起始坐标。图 3-8 显示了图像的坐标系与世界的关系。当图像以绘图的形式显示在世界中时，与世界像素（嵌块量 × 嵌块尺寸）对应的图像就会显示在世界中，需要输入的是从图像的哪个点开始显示（注意与 import-drawing 的区别，不会缩放图像）。规定图像的左上角坐标为（0，0），如果要在绘图中显示的图像距离该点横向为 x、纵向为 y，那么显示图像的起始坐标就是（$-x$，$-y$），对应世界的左上角。bitmap:from-view 命令将视图转化为内存中图像，该图像输出成为位图文件，即原文件中的一部分。

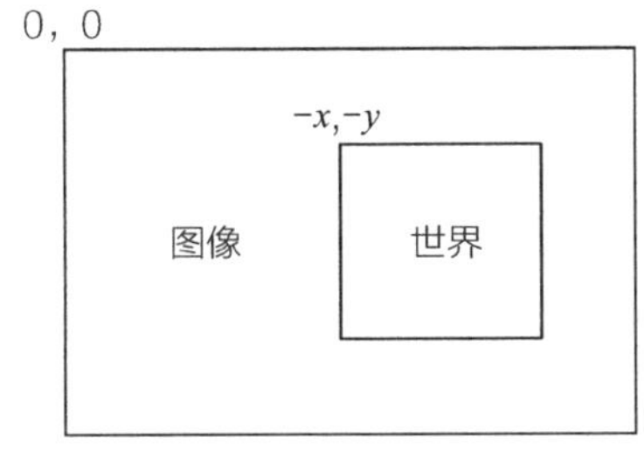

图 3-8　图像的坐标系

■ **将图像转为嵌块颜色：**

```
to to-pcolor
  ca
  bitmap:copy-to-pcolors img false
end
```

该命令的作用与 import-pcolors 类似，都是先将图像缩放至世界的像素，再将颜色赋给嵌块。最后的参数如果为 true，则转化为 NetLogo 调色板的颜色；如为 false，则用 RGB 颜色。

3.4　案例解析

3.4.1　案例一：计算用地平衡表

本案例主要应用 bitmap 扩展来实现根据位图计算土地使用平衡表。完整代码在配套资源中的“用地平衡表计算”文件夹中，其中包含“用地平衡表计算 .nlogo”、“颜色文件 .csv”和“bitmap.gif”三个文件。

除了 bitmap 扩展以外，还用到 csv 扩展，定义了 landers 海龟种群，用来管理土地使用类型。

```
extensions [bitmap csv]

globals [
  ratio
  world_size
  img
  list_landers
  img_width
  img_height
]

breed [landers lander]     ; 用于管理用地类型

landers-own [
  landuse
  area
  percent
]
```

在设置世界的过程中，将嵌块尺寸设为 1，即等同于 1 个像素，使得以嵌块为单位的世界尺寸与世界的像素尺寸一致，即 500 × 500 像素。世界的大小可按需要变化设置，嵌块越多，占用的内存和计算资源也越多；因此，一般不宜设置大尺寸的世界。

```
set-patch-size 1
set world_size 499
resize-world 0 world_size 0 world_size
set world_size world_size + 1
```

颜色文件通过界面的输入框输入文件及其完整路径后定义，格式为 csv，如用 excel 将其打开，见表 3–1，land 字段为用地的代码，R、G、B 字段分别为 RGB 色系下红色、绿色、蓝色的值。

颜色文件的内容 **表 3–1**

land	R	G	B
R2	255	255	1
A1	225	45	184
A3	232	136	216
A5	224	20	58

打开颜色文件后，便逐行读入。新建一个 lander 来对应每一行用地类型，随即设定 lander 属性，用 csv : from-row 函数将整行带逗号的字符串转化为清单并赋予变量 *x*，如 “R2，255，255，1” → [“R2” 255 255 1]，再逐个赋予对应的属性变量。最后该 lander 将自己放入清单全局变量 list_landers。

```
file-open color_file
set list_landers []
set x file-read-line  ; 读取标题行，使得隐藏的光标位于下一行的开头
while [file-at-end? = false] [
  create-landers 1 [
    set hidden? true
    set x csv : from-row file-read-line
    set landuse item 0 x
    set color sublist x 1 4
    set area 0
    set percent 0
    set list_landers lput self list_landers
  ]
]
file-close
```

用来计算平衡表的位图文件同样由输入框输入文件名及完整路径来定义，输入后获得图像的宽与高的像素数量。输入框 actual_width 用来定义图像宽所对应的实际宽度，借此来推算单位实际用地面积与单位图像面积的比例 ratio。

```
set img bitmap : import image_file
set img_width bitmap : width img
set img_height bitmap : height img
set ratio ( actual_width / img_width ) ^ 2
```

以下代码是本模型的核心部分，其机制是在整个图像中，循环处理世界大小的一部分图像并统计用地面积，再最终整合统计各类用地的面积和比例。之所以这样做，是因为原图像的尺寸较大（4967 × 3508 像素），设定相同嵌块数量的世界过于消耗内存，于是采用化整为零的思路。首先计算需要在图宽（*x* 轴）和图高（*y* 轴）循环的次数，用 ceiling 函数向上取整。这里可见世界的尺寸可按需设定，尺寸大则循环少，尺寸小则循环多，不影响结果。用 i 和 j 作为两层嵌套 while 循环的计数器，并参与计算在世界中显示的那部分图像的左上角在原图像坐标系中的坐标。用 bitmap : copy-to-drawing 命令获得该坐标下世界大小的图像并转换为绘图，再用 bitmap : copy-to-pcolors 命令将视图的 RGB 颜色赋给嵌块。这也是之前将嵌块尺寸设为 1 个像素的原因；如果不是这样，嵌块的数量与像素的数量不一致，那么在赋予嵌块颜色时就不能一一对应，从而产生偏差。针对这部分图像，每个 lander 负责统计与自己的颜色一样的嵌块的数量，累计计入 area。

```
let times_width ceiling ( img_width / world_size )
let times_height ceiling ( img_height / world_size )
set i 0
while [i < times_width] [
  set x 0 - world_size * i
  set j 0
  while [j < times_height] [
    clear-drawing
    clear-patches
    set y 0 - world_size * j
    bitmap : copy-to-drawing img x y
    bitmap : copy-to-pcolors bitmap : from-view false
    ask landers [
      set area area + count patches with [pcolor = [color] of myself]
    ]
    set j j + 1
  ]
  set i i + 1
]
```

最后输出结果。计算总的用地嵌块的数量并计算各用地的比例，用 output-type 命令在输出框中输出结果。用到了两个转义符，"\t" 为制表符 Tab，"\n" 为换行回车。之所以用 list_landers 清单来遍历每个 lander，而不是用 ask landers，是因为需要输出的土地类型顺序与颜色文件中的一致，而 ask 会导致随机的顺序。

```
let sumarea sum [area] of landers
ask landers [set percent area / sumarea]
output-type "land\tarea\tpercent\n"
foreach list_landers [[ld] ->
  ask ld [
    output-type landuse output-type "\t"
    output-type precision ( area * ratio ) 2 output-type "\t"
    output-type precision ( percent * 100 ) 2 output-type "%"
    output-type "\n"
  ]
]
```

3.4.2 案例二：模拟雨水径流

本例用 NetLogo 模型库中位于"地球科学（Earth Science）"文件夹中的"大峡谷（Grand Canyon）"模型来示例海龟与嵌块的互动。该模型模拟的是降水随着地形而运动的过程。

定义了两个海龟种群，waters 用来代表积水，raindrops 代表雨水。嵌块代表地形，拥有高程属性 elevation。全局变量中，water-height 用来定义单位积水的实际深度，border 用来存放位于世界边缘的嵌块。

```
breed [waters water]
breed [raindrops raindrop]

patches-own [elevation]

globals [
  color-min
  color-max
  old-show-water?
  water-height
  border
]
```

嵌块的高程是从外部输入的，导入的文件为 txt 格式。可以在 NetLogo 程序的安装文件夹中找到该文件，打开后可以发现文件的内容是一个很长的数字清单，每个数字代表一个高程值。因此，用 file-read 命令直接读入该清单。使用 foreach 命令将该清单中的高程值赋给嵌块，同时遍历两个清单：第一个是排序后的嵌块清单，sort 函数返回的嵌块清单中，世界左上角的嵌块位于第一个，按行排列，直到世界中右下角的嵌块位于最后一个；高程清单的顺序与嵌块的位置一一对应。

```
file-open "Grand Canyon data.txt"
let patch-elevations file-read
file-close
( foreach sort patches patch-elevations [[the-patch the-elevation] ->
  ask the-patch [ set elevation the-elevation ]
])
```

在循环的主过程 go 中，生成雨水的方式有手动和自动两种。手动方式通过鼠标在世界中点击实现，在鼠标所在位置生成 raindrop 并设定为红色。自动方式根据在界面中的 rain-rate 生成相应数量的 raindrops，设为蓝色，并随机分布在任一嵌块中。

```
; 用鼠标生成雨水
if mouse-down? and not any? turtles-on patch mouse-xcor mouse-ycor [
  create-raindrops 1 [
  setxy mouse-xcor mouse-ycor
    set size 2
    set color red
  ]
]
; 雨水随机下落在某处
create-raindrops rain-rate [
  move-to one-of patches
  set size 2
  set color blue
]
```

flow 是模拟雨水运动的核心过程，采用的机制就是“水往低处流”。首先，雨水确定一个流向的目标嵌块，通过比较相邻 8 个嵌块的水面高程，由最低的那个而得到。水面高程等于嵌块地形高程加上所有海龟（包括积水和雨水，注意这里用的是 turtles-here）所形成的深度。如果目标嵌块的水面高程低于雨水所在嵌块的水面高程，雨水就移动至目标嵌块，否则改变雨水的种群为积水。在复杂地形中的地表径流模拟就这样简洁地实现了。

```
ask raindrops [flow]
to flow
  let target min-one-of neighbors [elevation + ( count turtles-here *
water-height ) ]
  ifelse [elevation + ( count turtles-here * water-height ) ] of target <
( elevation + ( count turtles-here * water-height ))
    [move-to target]
    [set breed waters]
end
```

3.4.3 案例三：生成建筑阴影

本例通过模拟海龟与嵌块的互动来生成建筑阴影，其中也用到了 bitmap 扩展。生成建筑阴影可以用来分析建筑布局和体量对场地的影响，也可以作为日照分析的基础。本例展示了一种在二维空间解决三维空间问题的技巧。

首先定义种群、代理人属性和全局变量。创建海龟种群 shadows，用来代表建筑的阴影。shadows 拥有高程属性 h，嵌块也有高程属性 elevation。全局变量 k 是从海龟移动的平面距离推算垂直距离的参数。

```
extensions [bitmap]
breed [shadows shadow]
shadows-own [h]
patches-own [elevation]
globals [k]
```

setup 过程首先将绘有建筑和场地的位图导入世界（配套资源中的 Buildings.gif）。为了使得导入位图后能够直接获得建筑和场地的高程，规定在绘制位图时，将 RGB 色彩中的首位（即 R 值）设定为实际高程，后两位（即 G 和 B 值）任意设定。例如，建筑屋顶高程为 50 米，则建筑所在像素的色彩为 [50 10 10]；场地的高程为 0 米，则相应像素的色彩为 [0 10 10]。用 bitmap 扩展导入图像，获得图像的高和宽，依此相应调整世界的尺寸。通过 bitmap：copy-to-colors 命令将图像映射到嵌块，注意第二个参数要用 false 来保持 RGB 色彩。将 RGB 格式的嵌块色彩的第一个要素值赋给 elevation 属性。根据高程，将地面嵌块设为白色，建筑嵌块设为绿色。

```
ca
let img bitmap：import "c：\\temp\\netlogo\\Buildings.gif"
let img_height bitmap：height img
let img_width bitmap：width img
set-patch-size 1
resize-world 0 ( img_width - 1 ) 0 ( img_height - 1 )
bitmap：copy-to-pcolors img false
ask patches [set elevation item 0 pcolor]
ask patches with [elevation = 0] [set pcolor white]
ask patches with [pcolor != white] [set pcolor green]
```

setup 过程的第二部分首先设定若干参数：ratio 是模拟范围的实际宽度与世界宽度的比值，单位为米；azimuth 是太阳的方位角；altitude 是太阳的照射角；k 用来从海龟的水平移动距离推算实际的垂直移动距离。接着，要在建筑的边缘生成阴影代理人。通过检查建筑嵌块与邻域嵌块的关系判断嵌块是否位于建筑的边缘。如果两者的高程不一致，就说明建筑嵌块位于建筑的边缘，则在建筑嵌块与邻域嵌块之间产生一个 shadow，将其朝向设为太阳方位角，高程设为建筑嵌块的高程。如此，理论上在建筑嵌块的边界上最多可以产生 8 个 shadows。当然，可以根据模拟精度的需要生成更多或者更少的 shadows。

```
let ratio ( 446 / img_width )
let azimuth 34.83
let altitude 30.39
set k ( tan altitude ) * ratio
; 在建筑嵌块的边缘生成阴影
ask patches with [pcolor = green] [
  let x pxcor
  let y pycor
  let ele elevation
  ask neighbors [
    if elevation != ele [
      sprout-shadows 1 [
        set heading azimuth
        setxy ( x + [pxcor] of myself ) / 2 ( y + [pycor] of myself ) / 2
        set h ele
      ]
    ]
  ]
]
```

go 过程用来生成建筑阴影，原理很简单。阴影代理人向太阳方位角的方向移动一定的距离（这里是 0.5，越小越精确）。每走一步，推算在垂直方向下降的距离，并获得当前的高程。接着进行判断，如果 shadow 的高程低于当前所在嵌块的高程，说明阴影已经"走"到了嵌块下面，shadow 随即死亡；如果高于当前所在嵌块的高程，则在嵌块上投下阴影，将嵌块设为黑色。该过程循环往复，直至所有 shadows 均死亡。模拟完成后得到图 3-9。

```
to go
  while [any? shadows][
    ask shadows [
      fd 0.5
      set h h - 0.5 * k
      ifelse h < elevation
        [die]
        [set pcolor black]
    ]
  ]
end
```

图 3-9　生成的建筑阴影

3.4.4　案例四：生成可视域

本例用类似上例的思路生成地面任意位置的可视域。

patch 的 ground? 属性用来区分地面和建筑。另外定义三个全局变量：start_patch 存储视线起点的嵌块，viewer 存储代表视线的海龟，border 存储位于世界边缘的嵌块。

```
extensions [bitmap]
patches-own [ground?]
globals [
  start_patch
  viewer
  border
]
```

setup 过程的前半部分与上例类似，导入相同的“Buildings.gif”文件，将地面设为白色，建筑设为绿色，同时设定它们的 ground? 属性。创建 1 个海龟，将其赋给 viewer，作为视线。接着定义边界嵌块集 border。

```
to setup
  ca
  let img bitmap:import "c:\\temp\\netlogo\\Buildings.gif"
  let img_height bitmap:height img
  let img_width bitmap:width img
  set-patch-size 1
  resize-world 0 ( img_width - 1 ) 0 ( img_height - 1 )
  bitmap:copy-to-pcolors img false
  ask patches [
    ifelse item 0 pcolor = 0 [
      set pcolor white
      set ground? true
    ]
    [
      set pcolor green
      set ground? false
    ]
  ]
  crt 1 [
    set color yellow
    set viewer self
  ]
  set border sort patches with [count neighbors < 8]
  set start_patch one-of patches
end
```

循环运行的主过程 go 通过鼠标响应。将 viewer 移到鼠标的位置，如果该位置的嵌块为地面，则将该嵌块赋给 start_patch，接着生成其可视域。用 foreach 遍历每个边界嵌块，让 viewer 从 start_patch 开始，向该边界嵌块移动；边移动，边判断，如果当前嵌块是地面，就是可视的，设为黑色；如果是建筑或者边界嵌块就终止前进，跳转至下一边界嵌块。遍历完成后，统计黑色可视域嵌块的数量，并用 start_patch 的标签进行显示，效果如图 3-10 所示。

```
to go
  if mouse-inside? and mouse-down? [
    ask viewer [
      setxy mouse-xcor mouse-ycor
      if ground? [
        ask start_patch [set plabel "" ]
        set start_patch patch-here
        ask patches with [ground?] [set pcolor white]
        foreach border [[bd] ->
          move-to start_patch
          set heading towards bd
          let continue? true
          while [continue?] [
            set pcolor black
```

```
          ifelse patch-here = bd [set continue? false]
          [
            fd 1
            if ground? = false [set continue? false]
          ]
        ]
      ]
      ask start_patch [set plabel count patches with [pcolor = black]]
    ]
  ]
]
end
```

图 3-10　生成的可视域

3.5　本章小结

嵌块是 NetLogo 用来模拟空间的主要代理人类型，加上海龟，这一静一动，就能用来模拟城市中的大多数问题，关键看怎么把现实世界跟 NetLogo 世界在表现上和机制上贴切地、简约地、巧妙地对应起来，达到规划和研究的目的。嵌块的静只是说其不发生空间位移，但其属性可以按需定义、变化，与海龟的交互可以创造出复杂的机制和难以预期的涌现效果（如生命游戏）。

以位图为媒介来连接现实世界和 NetLogo 世界是一种比较符合规划行业实践的做法，相对纯粹用数字（例如输出的世界文件）作为输入输出的媒介来说，更容易为业内人员接受。不过，在此过程中，位图与世界尺寸的对应问题需要多留心；世界规模受计算能力的限制也不宜太大，对于大尺度、高精度的现实情景模拟就不适用了（所以案例一采用了化整为零的办法）；相对来说，下一章将要介绍的基于链接代理人的矢量模拟将更适合某些问题的大尺度模拟。

3.6 练习

（1）编写至少两个不同的过程，使得嵌块的颜色从中心的嵌块向外围扩散。比较各过程的运行效率。

（2）编写若干过程，用嵌块画出相应的几何图形。

（3）编写一个模型，测度一张实景照片中的绿化水平。

（4）在狼吃羊模型中，令羊可以在一定距离和范围内随机地发现狼，并进行逃避；狼也可以在一定距离和范围内随机地发现羊，并进行追踪。

（5）以下语句中，一个海龟试图得到距离其一定范围内的嵌块，满足条件的嵌块上除了该海龟没有任何海龟。但结果得不到，为什么？

```
let local_patches patches in-radius sensing_radius with [not any? other
turtles-here]
```

4

4

模拟网络

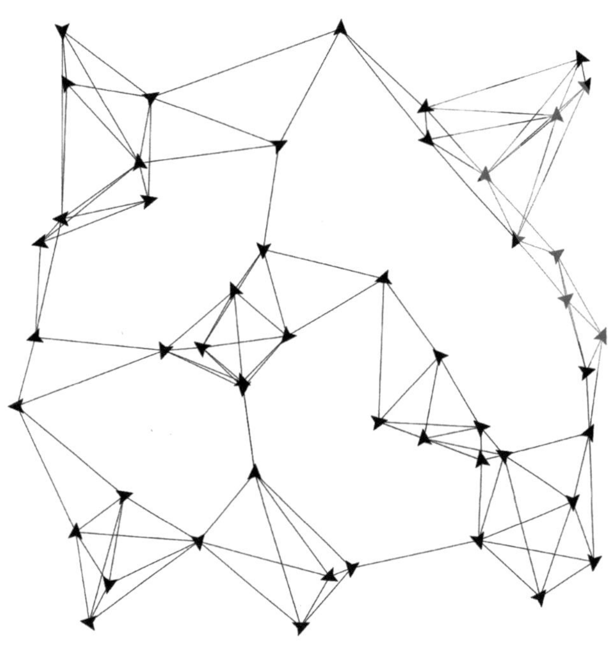

本章的目标是首先掌握链接代理人的概念和特性；在此基础上，掌握用网络扩展模块和链接来模拟网络的方法以及常用的路径分析功能；掌握用 GIS 扩展模块实现将 GIS 矢量文件导入 NetLogo 世界并进行空间运算的方法。

4.1 链接

链接（Link）代理人呈线状，两端为海龟，主要用于模拟线性的实体（如道路）或事物之间的抽象联系（如人际关系），可以用来构建复杂的网络（图 4-1）。模拟基于网络的环境对于研究很多现象颇有帮助，如病毒或谣言的传播、社会组织的形成、组织结构、蛋白质结构以及城镇体系等。

链接不能单独存在，两端必须依托于节点（Node），节点就是海龟，也只有海龟能够创建链接，如：

```
to setup
  ca
  crt 1 [
    setxy random-xcor random-ycor
    hatch 1 [
      setxy random-xcor random-ycor
      create-link-to myself
    ]
  ]
end
```

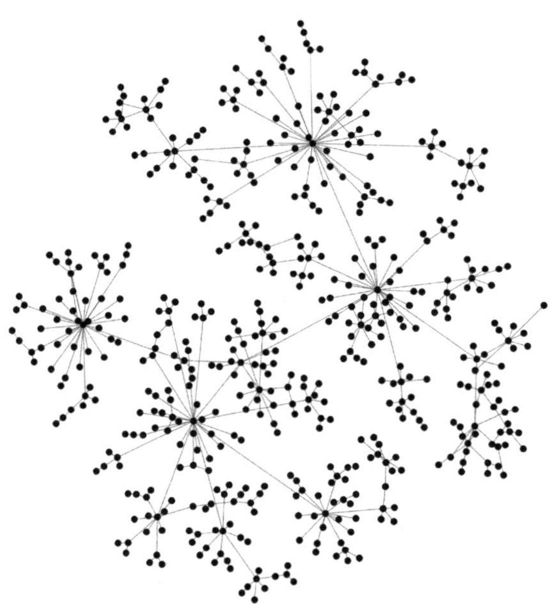

图 4-1 链接和海龟组成的网络
（来源：NetLogo 模型库 \Networks\Preferential Attachment）

首先创建了一个海龟（1），又孵化一个同样的海龟（2），再用 create-link-to 命令建立一个由海龟 2 指向海龟 1 的链接。这种链接称为“有向链接”（Directed Link）；创建其的命令还有 create-link-from、create-links-to、create-links-from，后两者用于建立一对多和多对一的链接。相对，“无向链接”（Undirected Link）没有方向，创建其的命令是 create-link-with 和 create-links-with。

这两种链接都可定义种群，如以下代码：

```
directed-link-breed [oneways oneway]
undirected-link-breed [twoways twoway]
oneways-own [onewayid]
twoways-own [twowayid]

to compare-link-types
  ca
  crt 4 [setxy random-xcor random-ycor]
  ask turtle 0 [create-oneway-to turtle 1 [set onewayid 1]]
  ask turtle 1 [create-oneway-to turtle 0 [set onewayid 2]]
  ask turtle 2 [create-twoway-with turtle 3 [set twowayid 1]]
  ask turtle 3 [create-twoway-with turtle 2 [set twowayid 2]]
end
```

定义链接种群的语法与海龟的类似，且同样可以定义种群的属性。本例创建了 4 个海龟，其中 2 个用有向的 oneway 连接，2 个用无向的 twoway 连接。结果可以发现，在海龟 0 和 1 之间，生成了两条 onewayid 分别为 1 和 2 的链接；而在海龟 2 和 3 之间只生成了一条 twowayid 为 1 的链接，因为再建一条无向链接与此条无异，所以就不重复新建了。

打开任意一条链接的属性窗口（图 4-2），可见位于最上方的 end1 和 end2 内置属性变量，它们就是链接的两个端点海龟。对于有向链接，end1 是起点海龟，end2 是终点海龟；对于无向链接，end1 是 who 较小的那个海龟，end2 是 who 较大的那个海龟。thickness 是链接的线宽，tie-mode 表示该链接的两个节点的绑定状态。绑定两者的命令为 tie，解绑为 untie。

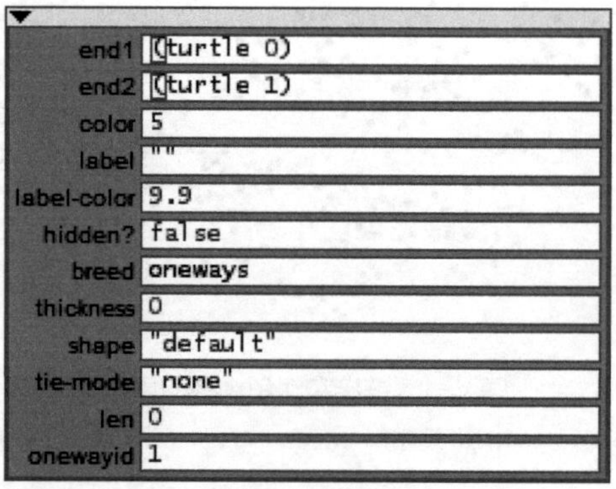

end1	(turtle 0)
end2	(turtle 1)
color	5
label	""
label-color	9.9
hidden?	false
breed	oneways
thickness	0
shape	"default"
tie-mode	"none"
len	0
onewayid	1

图 4-2　链接的属性窗口

■ **比较绑定对于有向链接和无向链接的效果：**

```
to compare-tie-effect
  ca
  crt 4 [setxy random-xcor random-ycor]
  ask turtle 0 [create-oneway-to turtle 1 [tie]]
  ask turtle 2 [create-twoway-with turtle 3 [tie]]
end
```

在命令中心分别令这 4 个海龟移动，会发现 turtle 0 移动时，turtle 1 会跟着同步移动；turtle 1 移动时，turtle 0 不动，这是因为 turtle 0 是起点，在绑定后作为"父点"，turtle 1 是终点，绑定后作为"子点"，子点跟随父点移动，但父点不跟随子点。对于无向链接，turtle 2 和 turtle 3 互为父子，所以移动任一个，另外那个都会做同步移动。

索引链接的方式有多种，以下例举部分：

```
to index-link
  ca
  crt 1 [
    set color white
    hatch 2 [create-oneway-to myself]
    hatch 2 [create-oneway-from myself]
    hatch 2 [create-twoway-with myself]
  ]
```

```
  ask links [set thickness 0.2]
  layout-radial turtles links turtle 0
  ask turtle 0 [
    ask my-in-links [set color red]
    ask in-link-neighbors [set color red]
    ask my-out-links [set color green]
    ask out-link-neighbors [set color green]
  ]
  ask twoway 0 6 [
    set color yellow
    ask end1 [ask other-end [set color yellow]]
  ]
  ask turtle 6 [
    ask twoway 0 6 [ask other-end [set size 2]]
  ]
end
```

执行后呈现类似图 4–3 的效果。首先分别建立了两条指向 turtle 0 的有向链接、两条出自 turtle 0 的有向链接和两条连接 turtle 0 的无向链接，用 layout–radial 命令将链接和海龟排列成为以 turtle 0 为中心的放射状。以 turtle 0 为主体，将指向其的链接和相应的海龟变成红色，又将出自其的链接和海龟变成绿色。由于 my–in–links 和 my–out–links 索引都同时包含无向链接，因此那两条无向链接会先变红，再变绿。以连接 turtle 0 和 turtle 6 的无向链接为主体，将其变成黄色后，请求 end1（也就是 turtle 0）通过 other–end 将另一端的海龟（也就是 turtle 6）变黄。还是用 other–end，但以 turtle 6 为主体，请求该链接将另一端（也就是 turtle 0）的尺寸设为 2。注意 other–end 函数在不同主体下的用法。

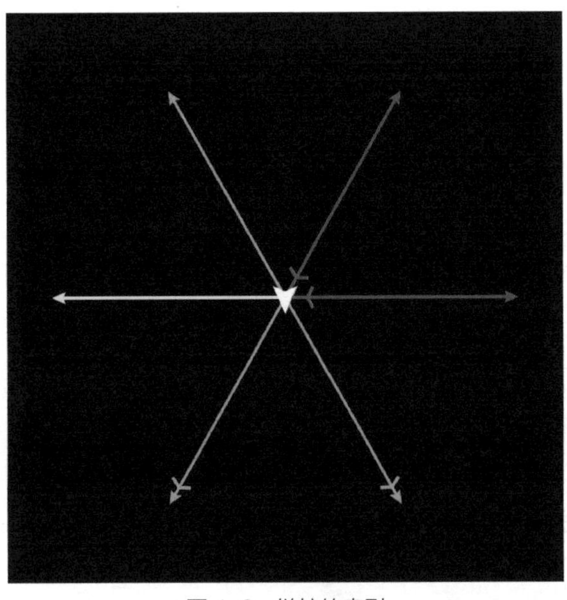

图 4–3　链接的索引

4.2 网络扩展

NetLogo 的网络扩展（NW Extension）集成了一些经典的模拟和分析网络的功能，如最短路径分析、中心性测度、聚类等。

4.2.1 设定背景

网络扩展以链接为基础，在模拟和分析之前，需要设定***背景***（Context），也就是网络所包含的特定的海龟集和链接集。如下例：

```
extensions [nw]
breed [onewaynodes onewaynode]
breed [twowaynodes twowaynode]
directed-link-breed [oneways oneway]
undirected-link-breed [twoways twoway]

to set-network-context
  ca
  create-onewaynodes 3 [
    setxy random-xcor random-ycor
    create-oneways-to other onewaynodes
  ]
  nw：set-context onewaynodes oneways
  show nw：get-context
  create-twowaynodes 3 [
    setxy random-xcor random-ycor
    create-twoways-with other twowaynodes
  ]
  nw：set-context twowaynodes twoways
  show nw：get-context
  nw：set-context turtles links
  show nw：get-context
end

在命令中心执行该过程将返回：
[ onewaynodes oneways ]
[ twowaynodes twoways]
[ turtles links ]
```

默认情况下，网络背景包括所有的海龟和链接。

在设定网络背景的时候，需要注意特殊代理人集与一般代理人集的不同特性。特殊代理人集包括 turtles、links 以及定义的种群如 onewaynodes、oneways，当新建一个海龟（种群）或者一条链接（种群）时，它将被自动计入对应的特殊代理人集。一般代理人集是指那些通过其他索引的方式建构的代理人集，如通过 with、turtle-set、link-set 等，新建的代理人不会被加入一般代理人集，只有当一般代理人集中的代理人“死亡”（die）后，该一般代理人集才改变。如下例：

```
ca
create-turtles 3 [create-links-with other turtles]
nw：set-context turtles links
show map sort nw：get-context

在命令中心执行以上命令将返回所有的海龟和链接：
[[（turtle 0）（turtle 1 ）（turtle 2）] [（link 0 1）（link 0 2）（link 1 2）]]
```

■ **去掉一个海龟：**

```
ask one-of turtles [die]
show map sort nw：get-context

将返回剩下的所有海龟和链接：
[[（turtle 0）（turtle 1 ）] [（link 0 1 ）]]
```

■ **再新建一个海龟：**

```
create-turtles 1
show map sort nw：get-context

将返回包括新建海龟在内的海龟集：
[[（turtle 0）（turtle 1 ）（turtle 3）] [（link 0 1 ）]]
```

■ **重新生成用以演示一般代理人集的海龟和链接，并用 with 定义背景：**

```
ca
create-turtles 3 [
  create-links-with other turtles
  set color red
]
nw：set-context（turtles with [color = red]）links
show map sort nw：get-context

仍将返回所有红色海龟和链接：
[[（turtle 0）（turtle 1 ）（turtle 2）] [（link 0 1）（link 0 2）（link 1 2）]]
```

■ **将其中的一个海龟变为蓝色：**

```
ask one-of turtles [set color blue]
show map sort nw：get-context

之前用 with 定义的一般海龟集并不会被改变：
[[（turtle 0）（turtle 1 ）（turtle 2）] [（link 0 1）（link 0 2）（link 1 2）]]
```

■ **去掉某个海龟：**

```
ask one-of turtles [die]
show map sort nw：get-context

一般海龟集和链接集都受到影响：
[[ ( turtle 0 ) ( turtle 2 ) ] [ ( link 0 2 ) ]]
```

■ **再新建一个红色海龟：**

```
create-turtles 1 [set color red]
show map sort nw：get-context

对既有的一般海龟集无效：
[[ ( turtle 0 ) ( turtle 2 ) ] [ ( link 0 2 ) ]]
```

4.2.2 路径分析

路径分析包括获取一定距离内的节点、获得两点之间的路径距离、获得最短路径和沿线节点等功能。

（1）获得一定距离内的节点

■ **在四周封闭的世界内建立一个简单的网络：**

```
to turtles-in-radius
  ca
  let last_node 0
  ask patches [set pcolor white]
  crt 1 [set last_node self]
  repeat 3 [
    crt 1 [
      create-oneway-from last_node
      set last_node self
    ]
  ]
  repeat 3 [
    crt 1 [
      create-twoway-with last_node
      set last_node self
    ]
  ]
  ask turtles [
    setxy random-xcor random-ycor
    set color red
    set label who
```

```
    set label-color black
  ]
  ask links [
    set thickness 0.2
    set len link-length
  ]
end
```

形成图 4-4，其中前 4 个海龟用有向链接相连，后 4 个海龟用无向链接相连。

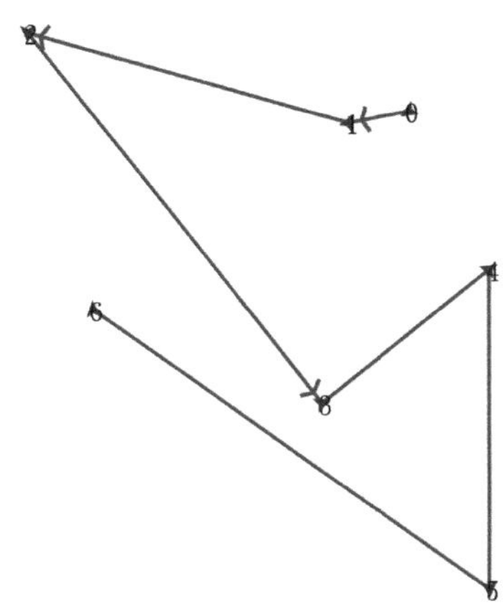

图 4-4　一定半径内的海龟

■ 以 turtle 0 为主体在命令中心输入以下代码：

```
ask turtle 0 [show sort nw：turtles-in-radius 6]
```

将返回包括自身在内，6 条链接以内的所有海龟：
(turtle 0)：[(turtle 0)(turtle 1)(turtle 2)(turtle 3)(turtle 4)(turtle 5) (turtle 6)]

■ 以 turtle 6 为主体执行以下代码：

```
ask turtle 6 [show sort nw：turtles-in-radius 6]
```

返回的海龟最远到 turtle 3：
(turtle 6)：[(turtle 3) (turtle 4) (turtle 5) (turtle 6)]

■ 再以 turtle 2 为主体执行以下代码：

```
ask turtle 2 [show sort nw：turtles-in-radius 2]
```

将返回：
(turtle 2)：[(turtle 2) (turtle 3) (turtle 4)]

```
ask turtle 2 [show sort nw：turtles-in-reverse-radius 2]

将返回：
(turtle 2)：[(turtle 0)(turtle 1)(turtle 2)]
```

从上例可见，用 turtles-in-radius 索引一定数量链接以内连通的海龟，对于有向链接，必须顺着链接的方向搜索，对于无向链接就可以双向搜索。所以 turtle 0 可以索引到 6 步以内的所有海龟，而 turtle 6 只能索引到 turtle 3。同理，turtle 2 只能顺着有向链接和无向链接索引到 2 步以内的 turtle 4，如要逆向索引，必须用 turtles-in-reverse-radius 函数，才能索引到 turtle 0。

（2）获得两点之间的最短路径距离

获得通过链接连通的两个节点之间的最短路径距离，有以下方法：

```
ask turtle 0 [show nw：distance-to turtle 6]

将返回：
(turtle 0)：6

ask turtle 6 [show nw：distance-to turtle 0]
有向原则同样在此适用，因此无法达到 turtle 0，将报错：
(turtle 6)：false
```

通过 distance-to 命令得到的路径距离是最短路径途经的链接数量，如果要得到路径的长度或者其他定义的路径成本，可以通过加权的方法，首先需要一个表达加权量的变量。如下例：

■ 增加链接的 len 属性，用以存储路径的长度：

```
links-own [len]
ask links [
  set thickness 0.2
  set len link-length
]
ask turtle 0 [show nw：weighted-distance-to turtle 6 len]

将返回链接长度最短的距离：
(turtle 0)：83.04
```

（3）获得最短路径和沿线节点

■ 建立一个 50 个节点的网络，每个节点与离其最近的 4 个节点用无向链接相连，并计算链接长度，选取空间距离最大的两个节点存入全局变量：

```
globals [Snode Enode]

to shortest-path
  ca
  let maxdist 0
  crt 50 [setxy random-xcor * 0.9 random-ycor * 0.9]
  ask turtles [
    set color grey
    create-links-with min-n-of 4 other turtles [distance myself] [
      set len link-length
    ]
    ask other turtles [
      let d distance myself
      if d > maxdist [
        set Snode self
        set Enode myself
        set maxdist d
      ]
    ]
  ]
end
```

将得到类似图 4-5。这里用到了 min-n-of 函数，对象必须是 other turtles，否则海龟会将自己算在内，导致建立链接错误。

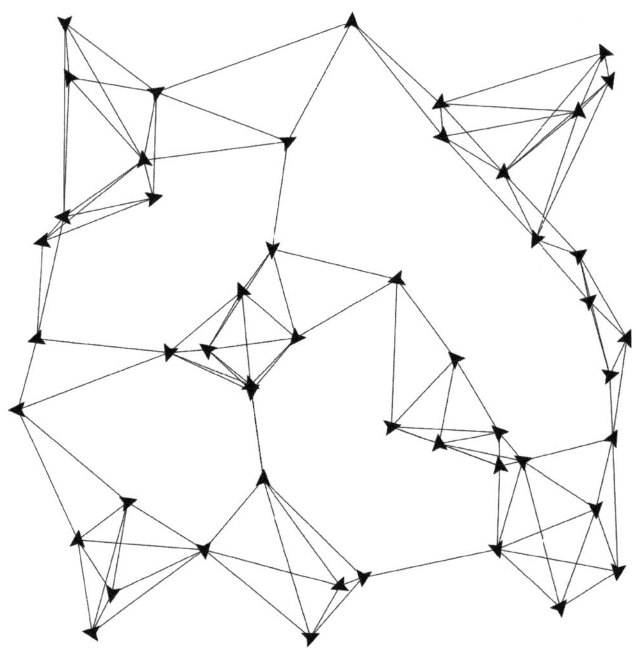

图 4-5　用于计算最短路径的网络

■ 用以下两个过程分别获得从 turtle 0 到 turtle 49 的最短路径和沿线节点，一个过程用最少的链接数量，另一个过程用最短的链接长度。

```
to counted-path
  let path []
  let nodes []
  ask turtles [
    set color grey
    set label ""
  ]
  ask links [
    set color grey
    set thickness 0
  ]
  ask Snode [
    set path nw:path-to Enode
    set nodes nw:turtles-on-path-to Enode
  ]
  show path
  show nodes
  foreach path [ [p] ->
    ask p [
      set color red
      set thickness 0.2
    ]
  ]
  let i 0
  foreach nodes [ [n] ->
    ask n [
      set color red
      set label i
    ]
    set i i + 1
  ]
end

to weighted-path
  let path []
  let nodes []
  ask turtles [
    set color grey
    set label ""
  ]
  ask links [
    set color grey
    set thickness 0
  ]
  ask Snode [
    set path nw:weighted-path-to Enode len
    set nodes nw:turtles-on-weighted-path-to Enode len
  ]
  foreach path [ [p] ->
    ask p [
      set color green
      set thickness 0.2
    ]
  ]
  let i 0
  foreach nodes [ [n] ->
    ask n [
      set color green
      set label i
    ]
    set i i + 1
  ]
end
```

运行第一个过程同时还会输出得到的最短路径以及沿线节点，两者都是清单，路径是从起点到终点的链接清单，沿线节点是包含起点和终点在内的海龟清单，所以改变它们的属性时要用 foreach 遍历。图 4-6 显示了两条路径的差异。但如果运行 counted-path 过程多次，有可能出现类似图 4-7 的情况，最短路径不一致，或者路径与沿线节点不一致。这是因为以链接数量为测度的最短路径很可能存在多条长度一样的，每次随机得到其中一条；而且获得路径和获得沿线节点的命令是相互独立的，有可能得到不一致的结果。而用链接长度的话，因为其是浮点数，出现相同长度最短路径的可能性很小。

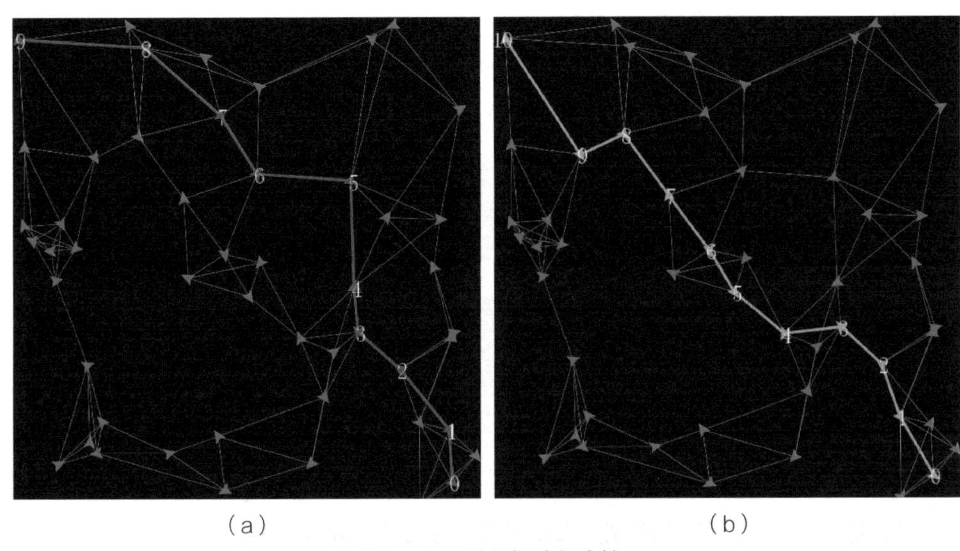

（a）　　（b）

图 4-6　两种最短路径比较

（a）最少链接数；（b）最短链接长度

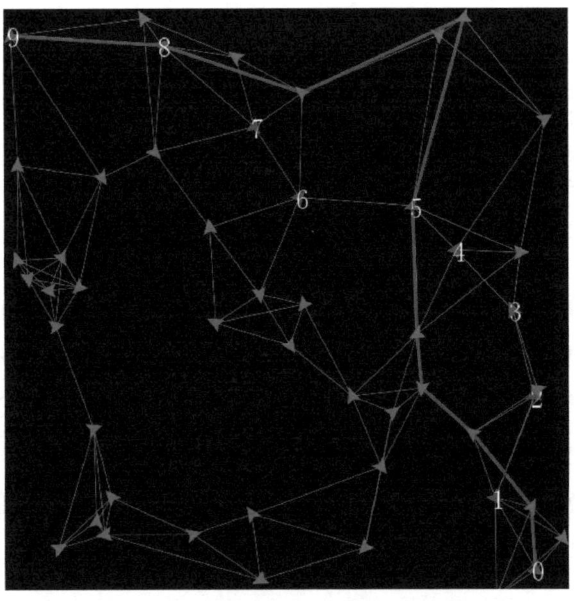

图 4-7　最少链接数下不同的最短路径

4.2.3 中心性分析

在网络分析中，经常需要测度网络节点的中心性（Centrality）来表征节点在网络中的地位，如城市在城镇体系中的区位。NetLogo 网络扩展提供了若干中心性测度函数，这里介绍其中两个的用法：相间中心性和临近中心性。

相间中心性（Betweenness Centrality）的测度原理为：对于所要测度的对象节点，取网络中任意其他两个节点并获得这两点间的最短路径（可能有多条）；计算经过该对象节点的最短路径占所有最短路径数量的比例；加和所有任意其他两点组合下的该比例，即得到该对象节点的相间中心性。以图 4–8 中的简单网络为例，空心点为测度相间中心性的对象节点，如取 N_1 和 N_2 点计算最短路径，则能得到两条长度为 2（两段链接）的路径，其中一条经过空心点，那么该比例就是 1/2；经推断，所有其他任意两点下的最短路径没有经过空心点的，那么该比例就是 0；加和所有该比例即得到空心点的相间中心性为 0.5。注意相间中心性测度基于链接数量的最短路径，相当于调用 nw：path–to 函数。

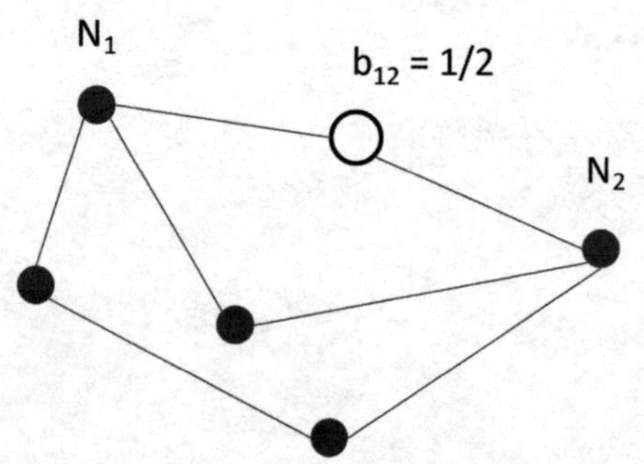

图 4–8 相间中心性的测度原理

■ **以图 4–5 的网络为基础，输入以下代码计算相间中心性：**

```
turtles-own [cen]

to centrality
  ask patches [set pcolor grey]
  ask links [set color white]
  ask turtles [set cen nw:betweenness-centrality len]
  let cens [cen] of turtles
  ask turtles [set color scale-color red cen max cens min cens]
end
```

声明名为 cen 的海龟属性作为中心性变量，用 nw：betweenness–centrality 函数得到每个节点的相间中心性，最后用 scale–color 命令根据最大的中心性和最小的中心性值对海龟着渐变色，结果如图 4–9 所示，颜色越深中心性越高，越浅中心性越低。

临近中心性（Closeness Centrality）测度更简单，其定义为对象节点到所有其他节点的平均距离的倒数。该临近中心性测度即可以基于最少链接，也可以基于最小的加权链接数。

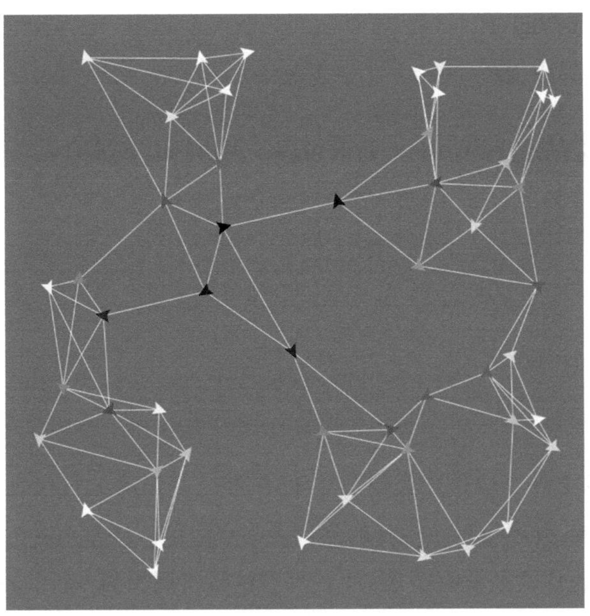

图 4-9　所有节点的相间中心性

■ **在以上代码的基础上，用 nw：closeness-centrality 函数代替原相间中心性函数：**

```
ask turtles [set cen nw：closeness-centrality len]
或者进行加权
ask turtles [set cen nw：weighted-closeness-centrality len]
```

得到有否加权的两种临近中心性的对比如图 4-10 所示，存在略微的差别。

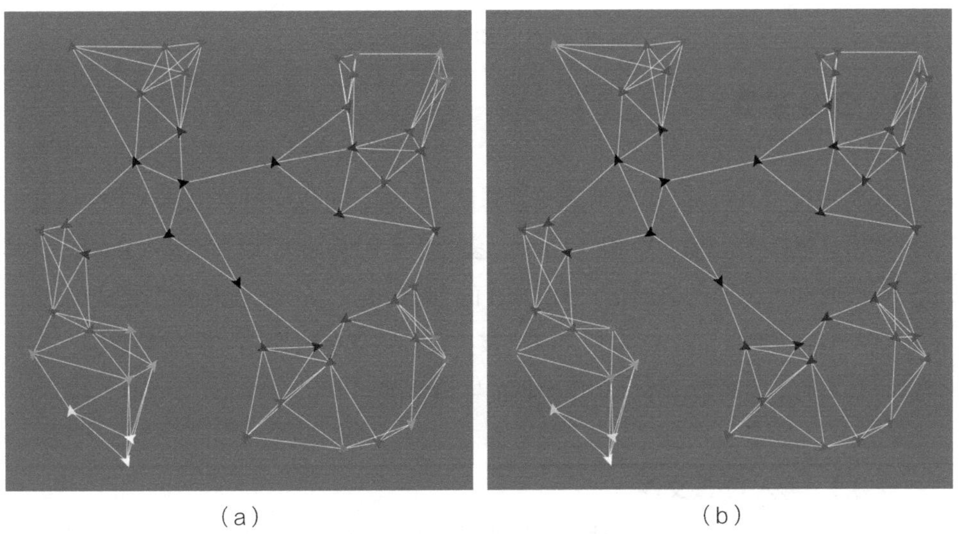

（a）　　　　　　（b）

图 4-10　两种临近中心性测度比较
（a）基于最少链接数；（b）基于最短链接长度

4.2.4 网络存取

可以将网络导出为独立的 txt 文件或者导入。

■ **先运行之前定义的 index-link 过程，再执行以下过程：**

```
to save-network
  nw : save-matrix "c : \\temp\\netlogo\\network.txt"
end

to load-network
  nw : load-matrix "c : \\temp\\netlogo\\network.txt" turtles links
end
```

打开输出的文件，应呈现类似图 4-11 的矩阵。矩阵的行代表起点海龟，从上至下按海龟的 who 升序排列，矩阵的列代表终点海龟，从左至右按海龟的 who 升序排列。0 说明起讫点之间没有链接，1 代表有链接，例如第一行的第四列为 1，代表海龟 0 和海龟 3 之间有链接；同时，第一列的第四行为 0，说明该链接为有向链接。相对，第一行的第六列和第六行的第一列都为 1，表示海龟 0 和海龟 5 之间为无向链接。从外部文件导入网络时，需要输入海龟种群和链接种群作为参数，且生成的网络只有相应数量的海龟以及它们之间的链接，海龟和链接的其他属性均为初始值。因此，如果需要保存完整的网络属性，直接存储世界是更好的选择。

```
0.00 0.00 0.00 1.00 1.00 1.00 1.00
1.00 0.00 0.00 0.00 0.00 0.00 0.00
1.00 0.00 0.00 0.00 0.00 0.00 0.00
0.00 0.00 0.00 0.00 0.00 0.00 0.00
0.00 0.00 0.00 0.00 0.00 0.00 0.00
1.00 0.00 0.00 0.00 0.00 0.00 0.00
1.00 0.00 0.00 0.00 0.00 0.00 0.00
```

图 4-11　网络存储的形式

4.3 GIS 扩展

该扩展使得 NetLogo 支持地理信息系统（GIS），可以向世界中导入 GIS 格式的矢量数据，包括点（Point）、线（Line）、多边形（Polygon），以及栅格（Raster）。其中，点、线和多边形的数据格式为 ESRI 的 shapefile（.shp），栅格数据格式为 ESRI 的 ASCII Grid 文件（.asc 或 .grd）。通过该扩展，不仅可以导入 GIS 矢量数据，还可以进行基本的空间要素操作，调用数据的字段值等。

4.3.1 导入 GIS 文件

将 GIS 文件导入 NetLogo 时，首先要做的是进行坐标转换，即建立 GIS 坐标系与 NetLogo 坐标系的对应关系。最简单的方法是分别定义 GIS 文件和 NetLogo 空间的*范围*（Envelope）。范围是一个清单，里面为四个坐标点 [minimum-x maximum-x minimum-y maximum-y]，分别指最小的 *x*、最大的 *x*、最小的 *y*、最大的 *y* 坐标，在它们范围之内的 GIS 要素将被导入类似范围内的世界中（图 4-12）。

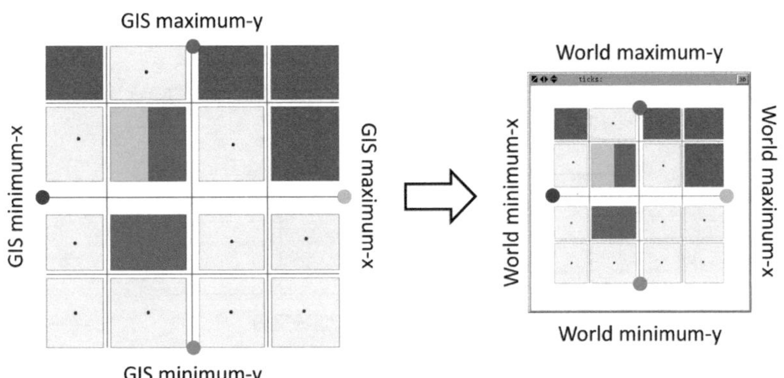

图 4-12 GIS 向 NetLogo 坐标系转换

■ **导入配套资源 GIS 文件并进行坐标转换：**

```
extensions [gis]
globals [DS_Block]

to load-gis
  ca
  ask patches [set pcolor white]
  set-current-directory "c：\\temp\\netlogo"
  set DS_Block gis：load-dataset "Block.shp"
  let enve_gis gis：envelope-of DS_Block
  let enve_world ( list ( min-pxcor + 2 ) ( max-pxcor - 2 ) ( min-pycor + 2 )
( max-pycor - 2 ) )
  gis：set-transformation enve_gis enve_world
  gis：set-drawing-color black
  gis：draw DS_Block 1
end
```

首先调用 gis 扩展，声明 DS_Block 全局变量存储导入的 GIS 文件。设定当前路径后，用 gis：load-dataset 函数跟 GIS 文件名 Block.shp 将多边形数据导入。用 gis：envelope-of 函数获得 GIS 数据的范围；再用清单构造函数 list 定义对应世界的范围，其中的四个参数用世界的最小和最大坐标加减任意设定的数字 2，是为了让映射的世界范围略小于世界的最大范围，以获得较好的视觉效果。用 gis：set-transformation 命令设定从 GIS 坐标系转换到世界坐标系的规则。用 gis：set-drawing-color 命令设定画笔的颜色，再用 gis：draw 命令绘图，得到类似图 4-13 的效果。注意，用该命令仅仅是在视图中绘制 GIS 要素；当改变世界大小时，绘图就会消失。

图 4-13　导入 GIS 地块文件

当同时导入多个 GIS 文件时，需要注意的问题是如何设定最大的 GIS 范围。上例中的该范围取自 Block.shp 文件，是根据要素所覆盖的最大范围。但其他 GIS 文件的要素覆盖范围可能与该范围不一致；特别是当其他 GIS 文件的范围大于该范围，那么其他 GIS 要素就无法在世界中正确导入，这时需要用到所有 GIS 文件范围的并集。

```
globals [DS_Block DS_Road DS_Center]

to load-gis2
  ca
  ask patches [set pcolor white]
  set-current-directory "c：\\temp\\netlogo"
  set DS_Block gis：load-dataset "Block.shp"
  set DS_Road gis：load-dataset "Road.shp"
  set DS_Center gis：load-dataset "Center.shp"
  let enve_block gis：envelope-of DS_Block
  let enve_road gis：envelope-of DS_Road
  let enve_center gis：envelope-of DS_Center
  let enve_gis ( gis：envelope-union-of enve_block enve_road enve_
center )
  let enve_world ( list ( min-pxcor + 2 ) ( max-pxcor - 2 ) ( min-pycor + 2 )
( max-pycor - 2 ))
  gis：set-transformation enve_gis enve_world
  gis：set-drawing-color black
  gis：draw DS_Block 1
  gis：draw DS_Road 1
  gis：draw DS_Center 1
end
```

这里导入了 3 个 GIS 文件（Block.shp、Road.shp、Center.shp）分别为多边形要素、线要素和点要素。分别取它们的范围后，用 gis：envelope-union-of 命令得到三个范围的并集，作为 GIS 要素的范围，再进行坐标转换。绘图后效果如图 4-14 所示。

图 4-14 在 GIS 要素范围并集基础上导入 GIS 文件

4.3.2 从 GIS 线要素生成网络

将 GIS 的线要素文件导入后形成由海龟和链接组成的网络，需要首先了解 NetLogo 中 GIS 线要素的数据结构。在线要素的数据结构中，有 3 个关键概念（图 4–15）：

（1）*要素*（Feature）：在 GIS 数据中，一条直线（Line，只有首尾两个节点）或者连续的多义线（Polyline，除了首位之外中间有多个节点）都作为一个要素。在某些情况下，断开的两条线也有可能在 GIS 的数据中作为一个要素。

（2）*节点*（Vertex）：线的首尾以及中间的点，相邻两点之间用直线连接。

（3）*位置*（Location）：节点的一个属性，在 NetLogo 中是一个清单，其中第一个要素是节点的 x 坐标，第二个要素是节点的 y 坐标。

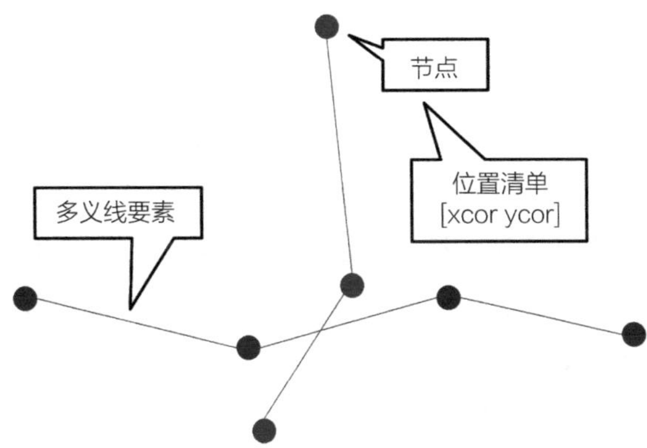

图 4-15 线要素在 NetLogo 中的数据结构概念

■ **定义一个基于 GIS 线要素构建网络的过程：**

```
breed [nodes node]
undirected-link-breed [segments segment]
segments-own [segtype]

to build-road
  let node_prev nobody
  let location []
  let node_now nobody
  foreach gis : feature-list-of DS_Road [[ft] ->
    show ft
    foreach gis : vertex-lists-of ft [[vtl] ->
      show vtl
      set node_prev nobody
      foreach vtl [[vt] ->
        show vt
        set location gis : location-of vt
        create-nodes 1 [
          set shape "circle"
          set xcor item 0 location
          set ycor item 1 location
          set node_now self
        ]
        if node_prev != nobody [
          ask node_now [
            create-segment-with node_prev [
              set color black
              set segtype gis : property-value ft "Type"
            ]
          ]
        ]
        set node_prev node_now
      ]
    ]
  ]
end
```

首先定义 nodes 作为路网节点的海龟种群，定义 segments 作为路段的无向链接种群，路段含有属性变量 segtype。运行该过程，在命令中心将输出若干类似图 4–16 的结果，可以更直接地展现线要素的数据结构。这里用了 3 层嵌套的 foreach 来遍历不同结构中的线要素概念。第一层，用 gis : feature-list-of 函数得到线要素清单，其中的每一项代表一个线要素，用 ft 变量进行指代，并用 show 来显示后，输出图中的第一行，列出了该线要素的属性。第二层，用 gis : vertex-lists-of 函数从 ft 中得到节点序列的清单，用 vtl 变量来指代，每个清单由节点组成，线的起点为第一项，终点为最后项，中间的节点按顺序排列，输出图中的第二行。如果一个线要素有多个分开的线段，那么会有多个对应的节点清单。第三层，遍历节点清单 vtl 中的每个节点，用 vt 来指代，输出图中 3~7 行。对于每个节点，用 gis：location-of 函数得到节点的坐标清单，用来生成一个 node，并作为当前节点；如果判断之前的节点存在，那么说明当前的节点不是该线段中的起点，就从当前节点生成一条连接之前节点的 segment 链接。用 gis：property-value 函数获得该线要素的 Type 字段的值，并赋给链接的 segtype 属性变量。最后，将当前节点作为前一节点。

```
observer: {{gis:VectorFeature ["LINETYPE":"Continuous"]["REFNAME":""]["ENTITY":"LWPolyline"]
observer: [{{gis:Vertex }} {{gis:Vertex }} {{gis:Vertex }} {{gis:Vertex }} {{gis:Vertex }}]
observer: {{gis:Vertex }}
observer: {{gis:Vertex }}
observer: {{gis:Vertex }}
observer: {{gis:Vertex }}
observer: {{gis:Vertex }}
```

图 4-16　线要素数据结构的输出

用该过程建立的网络类似图 4-17。右键点击某个两线相交的节点时，将发现存在不止一个 node，因为对应每条线要素就会在该位置生成相应的节点。如此，不同线要素中的链接就不是互通的，尽管他们看似交叉。

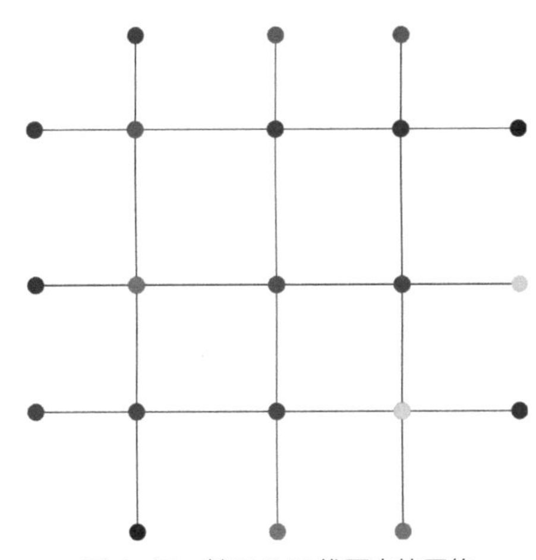

图 4-17　基于 GIS 线要素的网络

■ **思考：如果要达成这个网络中的链接在相交的位置是互通的，可以如何改进以上的过程？**

4.3.3　用 GIS 多边形给嵌块赋值

GIS 多边形要素导入 NetLogo 后可以用来设定嵌块的属性。如下例：

用 gis：apply-coverage 命令，将多边形要素中 LAYER 字段的值赋给被要素覆盖的嵌块的属性变量 landuse，再根据变量值着色，效果如图 4-18 所示。可以发现图案与图 4-12 中的地块有一定的差别，如部分道路空间消失，部分边界凸起。

```
to build-block
  gis : apply-coverage DS_Block "LAYER" landuse
  ask patches [
    if landuse = "Industry" [set pcolor brown]
    if landuse = "Residential" [set pcolor yellow]
    if landuse = "Commercial" [set pcolor red]
    if landuse = "Facility" [set pcolor pink]
    if landuse = "Park" [set pcolor green]
  ]
end
```

嵌块的取值决定于嵌块与面要素重叠的情况。面要素的边界与嵌块（图 4-19 中的黑框）不一定重合，一个嵌块可能同时与几个多边形相交，赋值的规则是：如果字段的数据类型是数值，将各多边形的数值经嵌块与各多边形相交的面积加权后得到所赋值；如果数据类型是字符，则将与嵌块相交面积最大的多边形的字段值作为所赋值。至于部分道路空间消失，也是因为以上的原因，这些道路太窄，在相应嵌块中相对其他用地类型的面积较小。解决的办法有提高世界的精度。

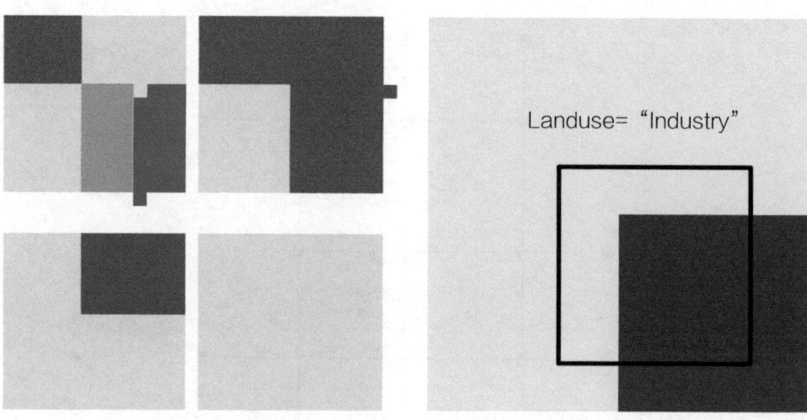

图 4-18　将 GIS 多边形要素赋值给嵌块　图 4-19　GIS 多边形赋值给嵌块的规则

4.3.4　用 GIS 栅格给嵌块赋值

ESRI 栅格文件（.asc 或 .grd）的形式与嵌块相似，呈正方形，除了空间坐标以外，另带有一个字段的数据——栅格值，NetLogo 导入栅格数据的主要目的就是将栅格值赋给嵌块。如以下过程：

```
patches-own [elevation]
globals [DS_Raster]

to import-raster
  ca
  set DS_Raster gis : load-dataset "c : \\temp\\netlogo\\raster.asc"
  let rw gis : width-of DS_Raster
```

```
  let rh gis : height-of DS_Raster
  resize-world 0 rw - 1 0 rh - 1
  let enve_gis gis : raster-world-envelope DS_Raster 0 0
  let enve_world ( list min-pxcor max-pxcor min-pycor max-pycor )
  gis : set-transformation enve_gis enve_world
  gis : apply-raster DS_Raster elevation
  ask patches [set pcolor elevation * 10]
end
```

声明嵌块属性变量 elevation 以及全局变量 DS_Raster 存储栅格数据。导入 raster.asc 栅格文件后，用 gis : width-of 和 gis : height-of 函数获得栅格数据的宽和高，即横向和纵向的栅格数量。据此，重新设定世界的大小；这里将世界设为与栅格数据相同大小。用 gis : raster-world-envelope 函数得到栅格数据的范围，这里需要输入的最后两个参数分别是栅格数据起始位置的 x 坐标和 y 坐标。规定，栅格数据左上角栅格的坐标为 [0，0]，向右递增，向下递增。一般来说，世界的范围应小于等于导入的栅格数据的范围，即至多导入全部的栅格数据。进行坐标转换之后，用 gis : apply-raster 命令将栅格值赋给相应位置嵌块的属性变量 elevation，并据此改变嵌块的颜色，如图 4-20 所示。

图 4-20　导入栅格文件

4.3.5 空间运算

NetLogo 可以对世界中的要素进行基本的空间运算，如判断包含关系、交叉关系等。如执行以下过程，效果如图 4-21 所示：

```
to show-relationship
  load-gis2
  crt 1 [
    setxy random-xcor random-ycor
```

```
    set color black
    hatch 1 [
      setxy random-xcor random-ycor
      create-link-with myself [set color black]
    ]
  ]
  show gis : contains? DS_Block turtle 0
  show gis : contained-by? DS_Block turtle 0
  show gis : intersects? DS_Block link 0 1
  ask patches gis : intersecting DS_Block [set pcolor 8]
  ask patches gis : intersecting DS_Road [set pcolor grey]
  ask patches gis : intersecting DS_Center [set pcolor black]
end

命令中心显示结果：
true
false
true
```

首先运行之前定义的 load-gis2 过程导入数据。创建两个随机坐标的海龟并用链接相连。gis : contains? 函数包含两个参数 a、b，意为判断 a 是否包含 b；而 gis : contained-by? 函数与之相反，判断 a 是否被 b 包含，因此在本例中，前者的结果为 true，后者为 false。这里 a 和 b 可以是：①一个 GIS 数据集；②一个 GIS 要素；③一个海龟；④一条链接；⑤一个嵌块；⑥一个代理人集；⑦包含① ~ ⑥的一个清单。gis : intersecting 函数的有一前一后两个参数，位于前面的是嵌块集，后面同① ~ ⑦，以前者为基础，返回与后者相交的嵌块集。本例中，将与 GIS 地块数据相交的嵌块变成浅灰色，与道路数据相交的嵌块变成灰色，与中心数据相交的嵌块变成黑色。

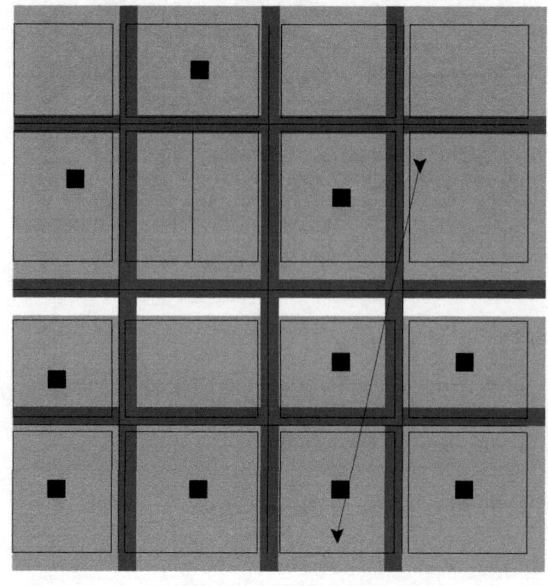

图 4-21　空间运算

4.3.6 转化为 GIS 数据

将 NetLogo 代理人转化为 GIS 数据可通过以下三个函数：

gis：patch-dataset *patch-variable*：返回一个新的 GIS 栅格数据，栅格的值即为作为参数的嵌块属性。该函数相当于 gis：apply-raster 的反函数，作用正好相反。

gis：turtle-dataset *turtle-set*：返回一个新的 GIS 点要素数据，点的位置即为海龟的位置，点要素的属性包括输入的海龟集中所有海龟共有的属性变量。

gis：link-dataset *link-set*：返回一个新的 GIS 线要素数据，每条线端点的位置与链接头尾的海龟对应，线要素的属性包括输入的链接集中所有链接共有的属性变量。

以上转化均根据之前定义的坐标系转换规则，由 NetLogo 坐标系换算为 GIS 坐标系。另外相对于 gis：load-datset，gis：store-dataset 用于将 NetLogo 中的 GIS 数据输出为 GIS 文件，但目前仅支持栅格数据，输出的格式为 ESRI ASCII 栅格文件（.asc 或 .grd）。

4.4 案例解析

4.4.1 案例一：城镇联系与势力圈

本例基于重力模型（Gravity Model）模拟城镇之间的联系，以及城镇对其周边地区的影响力，即势力圈。有关原理和应用参见王德等的论文（王德，赵锦华，2000；王德，郭洁，2002；王德，郭洁，2003；王德，郭洁，2011）。代码如下：

```
turtles-own [pop]

to hinterland
  ca
  crt 10 [
    setxy random-xcor * 0.9 random-ycor * 0.9
    set shape “circle”
    set pop random 100 + 1
    set size pop * 0.02
    set label who
    set color who * 10 + 5
  ]
  ask turtles [
     create-links-to max-n-of 3 other turtles [pop * [pop] of myself /
distance myself ^ 2] [
      set thickness [pop] of end1 * [pop] of end2 /
     (( [xcor] of end1 - [xcor] of end2 ) ^ 2 + ( [ycor] of end1 - [ycor]
of end2 ) ^ 2 ) * 0.002
      set color white
    ]
  ]
  ask patches [
    set pcolor [color] of max-one-of turtles [pop / distance myself ^ 2]
  ]
end
```

结果类似图 4-22。首先将世界的边界设为不连通。创建 10 个海龟作为城镇，设定其人口 pop、坐标、颜色等属性。对于每个城镇，基于重力模型计算到所有其他城镇的联系强度，以两地的人口乘积作分子，两地的距离平方作分母，注意这里 myself 和 distance 在 other turtles 语境中的用法。取联系强度最大的 3 个城镇，与其建立有向链接，随即基于两地之间的联系强度设定链接的线宽，其中乘以一个任意的常数来调节线宽的视觉效果；由于是在链接的语境下，注意用 of 函数调用两端海龟的属性。最后计算城镇的势力圈，对于每个嵌块，取对其影响最大的城镇，将嵌块的颜色设为该城镇的颜色；影响力的大小依旧与城镇人口成正比，与嵌块到城镇的距离成反比。

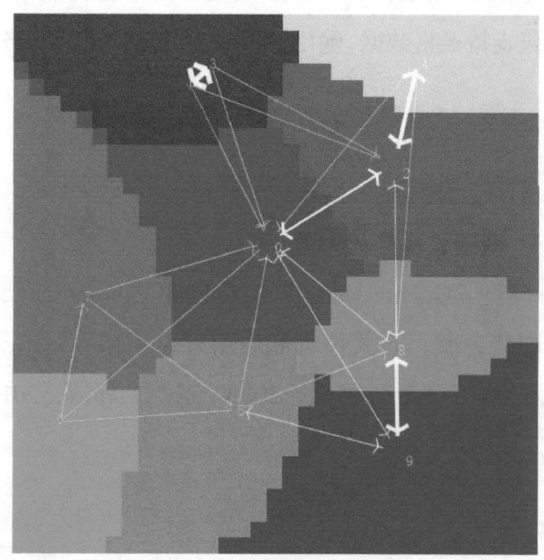

图 4-22　城镇势力圈

4.4.2　案例二：空间插值

本例演示将 GIS 点要素导入 NetLogo 后，在此基础上进行空间插值计算，对嵌块赋值。其中的插值算法为反距离权重法。

```
extensions [gis]
turtles-own [height]
patches-own [pheight]
globals [DS_Height N_neighbors]

to load-data
  ca
  set DS_Height gis : load-dataset “c : \\temp\\netlogo\\height.shp”
  let location 0
  let enve_gis gis : envelope-of DS_Height
  let enve_world ( list ( min-pxcor + 1 )( max-pxcor - 1 )( min-pycor + 1 )
( max-pycor - 1 ))
```

```
  gis : set-transformation enve_gis enve_world
  foreach gis : feature-list-of DS_Height [[ft] ->
    foreach gis : vertex-lists-of ft [[vtl] ->
      foreach vtl [[vt] ->
        set location gis : location-of vt
        create-turtles 1[
          set shape "circle"
          set xcor item 0 location
          set ycor item 1 location
          set height gis : property-value ft "height"
        ]
      ]
    ]
  ]
  set N_neighbors 12
end
```

导入 GIS 点要素文件“height.shp”后，设定空间转换。为了将点要素用海龟来表达，同样使用了 gis : feature-list-of 函数和 gis : vertex-lists-of 函数，以及三层嵌套的 foreach 命令遍历每个要素点，在此过程中创建海龟，用 gis : location-of 函数得到坐标，用 gis : property-value 函数将点要素的 height 字段的值赋给海龟的同名属性变量。导入完成后，设定 N_neighbors 全局变量的值，作为插值计算时参考的海龟的数量。

```
to interpolate-idw
  ask patches [
    let nbs min-n-of N_neighbors turtles [distance myself]
    let dists []
    let heights []
    ask nbs [
      set dists lput ( 1 / distance myself ) dists
      set heights lput height heights
    ]
    let sum-dists sum dists
    let weights map [ d -> d / sum-dists ] dists
    set pheight sum ( map * heights weights )
  ]
  let min-pheight min [pheight] of patches
  let max-pheight max [pheight] of patches
  ask patches [
    set pcolor scale-color black pheight min-pheight max-pheight
  ]
end
```

每个嵌块进行插值计算。首先用 min-n-of 函数得到离嵌块最近的 N_neighbors 个海龟赋给 nbs 变量，即嵌块的邻里。将邻里海龟与嵌块的距离倒数以及高程分别赋予 dists 和 heights 清单。计算权重和嵌块的高程都用到了 map 函数，注意这里两种不同的用法：在计算 weights 时，声明了变量 d 来指代 dists 清单中的要素，并定义了计算公式，为 d 除以邻里海龟距离之和；计算嵌块的加权高程 pheight 时，对 heights 和 weights 两个长度相同的清单作乘法。最后，用所有嵌块中最大和最小的高程作为参数输入 scale-color 函数对嵌块重新着色，效果如图 4-23 所示。

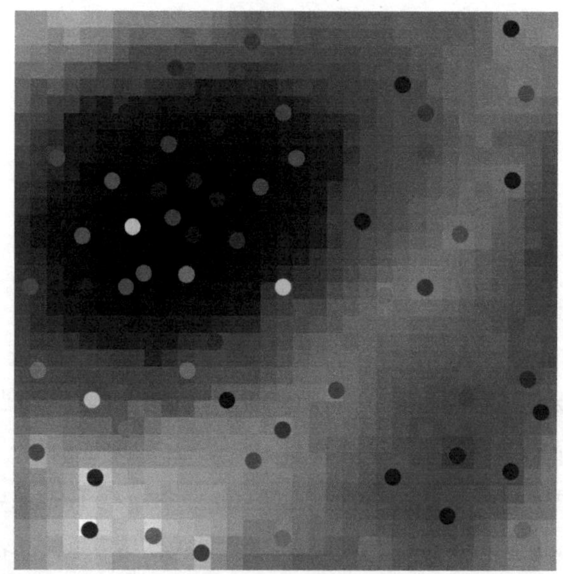

图 4-23　基于 GIS 点要素的空间插值

4.4.3　案例三：最短路径 vs 最快路径

路径规划已经在电子地图、车载导航中广泛应用，通常具有在不同标准下的路线推荐功能，如以最短距离为标准，或以最短时间为标准等。本例介绍用 NetLogo 实现最短距离算法和最短时间算法，并比较在这两种标准下车流在路网中的分布。其中最短时间算法需要考虑到道路的车流量和车速。

```
extensions [nw gis]
breed [nodes node]
breed [cars car]
cars-own [car_speed route_nodes target_node target_node_pos on_seg on_
node]
undirected-link-breed [segments segment]
segments-own [len vol seg_speed time]
globals [DS_Road Start_node End_node Max_speed]

to obs-setup
  ca
  ask patches [set pcolor white]
  set DS_Road gis：load-dataset “c：\\temp\\netlogo\\Road2.shp”
  let enve_gis gis：envelope-of DS_Road
  let enve_world ( list ( min-pxcor + 1 )( max-pxcor - 1 )( min-pycor + 1 )
( max-pycor - 1 ))
  gis：set-transformation enve_gis enve_world
```

```
  set Max_speed 1
  obs-build-road
  ask one-of nodes [
    set color green
    set Start_node self
    ask one-of other nodes [
      set color red
      set End_node self
    ]
  ]
end

to obs-build-road
  let node_prev nobody
  let location []
  let existed_node nobody
  let node_now nobody
  foreach gis : feature-list-of DS_Road [[ft] ->
    foreach gis : vertex-lists-of ft [[vtl] ->
      set node_prev nobody
      foreach vtl [[vt] ->
        set location gis : location-of vt
        set existed_node one-of nodes with [xcor = item 0 location and
ycor = item 1 location]
        ifelse existed_node != nobody [set node_now existed_node]
        [
          create-nodes 1 [
            set shape "circle"
            set xcor item 0 location
            set ycor item 1 location
            set color grey
            set size 0.5
            set node_now self
          ]
        ]
        if node_prev != nobody [
          ask node_now [
            create-segment-with node_prev [
              set color black
              set len link-length
              set vol 0
              set seg_speed Max_speed
              set time len / seg_speed
            ]
          ]
        ]
        set node_prev node_now
      ]
    ]
  ]
end
```

定义 nodes 为道路节点，cars 为汽车，segments 为路段。car 和 segment 有各自的行驶速度分别为 car_speed 和 seg_speed。初始化的过程为 obs-setup，导入路网 GIS 文件后，建立路网调用 obs-build-road 过程。该过程与 4.3.2 的大致相同，不同之处在于解决了交叉口存在重复节点、网络不连通的问题。解决方法是，在生成一个新的节点之前，判断在与该节点有相同坐标的位置上是否已经存在节点 existed_node，如果存在则不创建新的节点，直接将该节点作为当前节点 node_now；如果不存在则在该坐标上创建新的节点并作为当前节点，随即创建链接连接当前节点和前一个节点 node_prev，同时设定该链接的属性，包括长度、车流量、行驶速度和以该速度通过该路段所需要的时间。建立路网后，随机选择一个节点作为起点 Start_node，一个节点作为终点 End_node。

```
to obs-go
  obs-generate-car
  ask cars [car-move]
  ask segments [seg-update]
  update-plots
end

to obs-generate-car
  let nds []
  create-cars 1 [
    setxy [xcor] of Start_node [ycor] of Start_node
    ifelse Shortest_time? [
      ask Start_node [set nds nw：turtles-on-weighted-path-to End_node
time]
    ]
    [
      ask Start_node [set nds nw：turtles-on-weighted-path-to End_node
len]
    ]
    set route_nodes nds
    set on_node item 0 route_nodes
    set target_node item 1 route_nodes
    set heading towards target_node
    set target_node_pos 1
    car-assign-route
    set car_speed Max_speed
  ]
end

to car-assign-route
  let node_whos [who] of ( turtle-set on_node target_node )
  let minwho min node_whos
  let maxwho max node_whos
  set on_seg segment minwho maxwho
  ask on_seg [set vol vol + 1]
end
```

obs-go 为循环执行的进程。通过 obs-generate-car 过程在每个回合产生一个汽车，将该汽车置于起点位置。接着根据选择器 Shortest_time? 全局变量，判断是否采用最短时间标准；若标准为最短时间（true），以路段的时间 time 为权重，用加权最短路径算法得到从起点到终点之间最短路径沿线的节点；若标准为最短距离（false），则以路段长度为权重，得到起讫点之间最短路径的沿线节点；这个节点清单被赋予汽车的属性变量 route_nodes。这时，将 on_node 属性变量设为该节点清单中的第一个，即为出发地；再将目标节点 target_node 属性变量设为第二个节点，并使汽车朝向之；同时将目标节点位置 target_node_pos 设为 1，与清单中的位置对应。car-assign-route 过程处理汽车与当前所在路段的关系；通过辨识汽车目前所在节点与目标节点，从而得到汽车所在的路段，然后令该路段的流量 +1。

```
to car-move
  if Shortest_time? [set car_speed [seg_speed] of on_seg]
  ifelse distance target_node < car_speed [
    ask on_seg [set vol vol - 1]
    ifelse target_node = End_node [
      die
    ]
    [
      move-to target_node
      set on_node target_node
      set target_node_pos target_node_pos + 1
      set target_node item target_node_pos route_nodes
      set heading towards target_node
      car-assign-route
    ]
  ]
  [
    forward car_speed
  ]
end

to seg-update
  set thickness vol / len * 0.5
  if Shortest_time? [
    set seg_speed Max_speed * 1 / ( 1 + exp ( -6 + 2 * vol / len ))
    set time len / seg_speed
  ]
end
```

汽车产生后即开始移动，car-move 过程首先判断是否采用最短时间标准，若以最短时间为标准，则将速度设为路段的速度；若以最短距离为标准，车辆速度为创建时设定的最大速度。汽车朝着目标节点移动，每次移动前先判断其与目标节点之间的距离是否小于行驶速度，若小于，则粗略地认为汽车已经到达目标节点，并令当前所在路段的车流量 -1，表示已不在当前路段中；且当目标节点为终点时，汽车死亡，若非终点，则直接移至目标节点，将其作为当前节点，将节点清单中的下一个节点作为目标节点。若与目标节点的距离尚大于速度，则仍以该速度前进。路段的更新过程 seg-update 的主要作用一是可视化路段的宽度，二是计算路段的通行时间。路段宽度被设为流量密度，即流量 / 路段长度。当用最短时间作为标准就需要计算行驶速度，行驶速度最高不超过最大速度 Max_speed，折减的规律用 S 曲线来表征，以流量密度为参数，密度越大折减越多，车速越低；最后得到路段的通行时间。

两个不同最短路径标准下的模型运行效果如图 4-24 所示。图（a）中，汽车都在最短距离路径上行驶，不考虑路段密度，图中汽车的平均速度指标恒定为最大值。图（b）中，汽车选择时间最短时间路径行驶，由于路段行驶速度随着路段的车流量

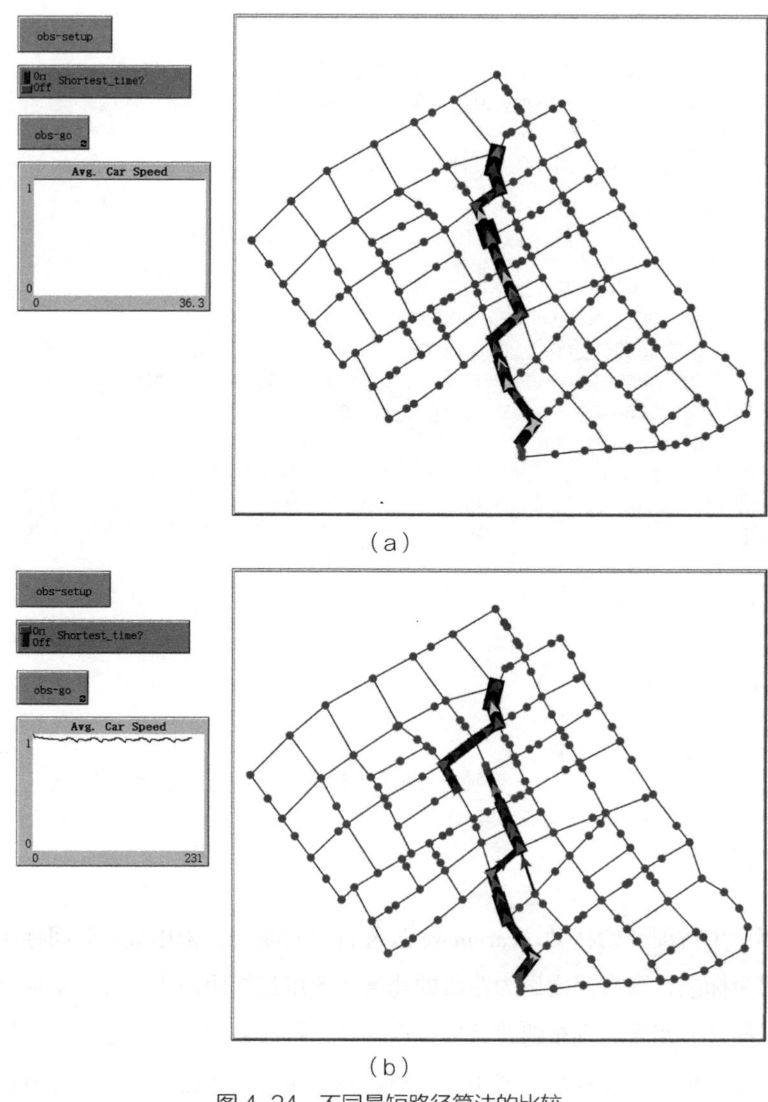

图 4-24　不同最短路径算法的比较
（a）距离最短路径；（b）时间最短路径

变化，因而最短路径亦动态调整，呈现出变化但有节律的路段流量分布以及车辆的平均速度波动。

4.5 本章小结

网络对于城市模拟也是不可或缺的要素，尤其在 NetLogo 环境中，受数据量和处理能力的限制，以嵌块作为实际空间要素的代理人难以达到很大的规模和精度，但基于网络的矢量模拟能够很大程度上突破这种限制。链接代理人是模拟网络的基础构件，采用有向链接还是无向链接，需要在模型设计之初针对现实网络流的特性判断清楚。构成网络的另一类基础构件就是海龟，需要切记两条链接共享同一海龟时才构成网络。有时某些链接看上去是首尾相接的，但实际只是分别连接在空间上重叠的两个海龟上（图 4–17），这时就不能得到正确的网络分析结果。还要注意，在进行以海龟为主体的网络分析时，该海龟必须是位于网络上的一个节点；初学者经常犯的一个错误就是用看似位于网络上，但实际与链接分离的海龟进行网络分析。

GIS 扩展提供了 NetLogo 与空间数据对接的又一途径，相比于上一章介绍的通过位图输入空间数据，GIS 数据更精确、数据量更小、信息更丰富。使用该扩展的首要注意点是空间转换，尤其需要将多个 GIS 文件导入世界时，最容易出错的就是，GIS 要素范围未将所有要素都囊括其中。这个错误往往不会在坐标转换时被发现，却总是给模拟过程带来难以排查的错误。第二是要掌握不同类型 GIS 要素的数据结构。面要素、线要素、点要素的基本构成要素都是顶点（Vertex），区别只在组织的方式。图 4–15 说明了线要素的数据结构，面要素和点要素的结构相似但不同，读者有必要分别进行解析以正确掌握导入 GIS 要素的逻辑（比如，用 show 来输出不同层次的数据内容，图 4–16）。

4.6 练习

（1）“小世界理论”（Small World Theory）说，在这个世界上，通过人际网络，从一人找到任意另一人平均只需要通过 6 个人。模拟这样的网络来检验这个理论。

（2）模拟不同城市土地使用布局下（至少包括居住、工业、商业），通勤交通流在道路网络中的分布。尝试并比较不同的寻路算法下的结果，如最短路径、最快路径、带有部分随机性的路径等。

（3）在以上模型的基础上，根据中心性的原理，计算商业中心的中心性。

5

参数标定及系统动力学

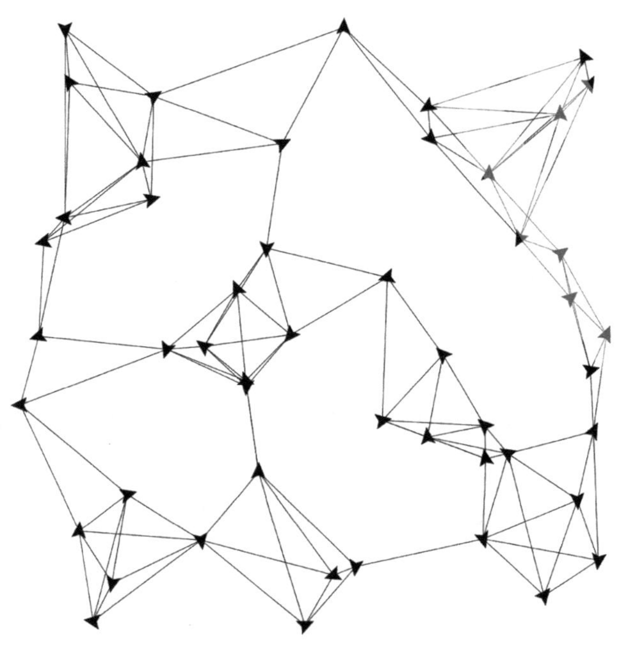

本章的目标是掌握用来标定模型参数的行为空间模块，以及用来模拟集合行为的系统动力学模块。

5.1 参数标定

参数（Parameter）是多代理人模型的算法、公式中的常量，如狼吃羊模型中羊的初始数量、羊吃草获得的能量等。***参数化***（Parameterization）是指为模型确定参数值的过程。参数化对于多代理人模型非常重要，因为模型是多代理人模拟的核心；而参数的取值决定了模型中各个过程的相对影响力，改变参数就会改变模型各过程的行为，进而改变涌现的模拟结果。既然模拟是对真实过程的虚拟，那么必须使用来自现实系统中的实证信息来确定参数值，以使得模拟过程更加逼真，这就是参数***标定***（Calibration）。

参数标定是一种特殊的参数化，就是为模型中的参数找到合适的值，以使得模拟的结果接近从现实系统中观察到的现象。参数标定的目的一般来说有三个：一是使得模拟结果更加精确、可信；二是通过这种“反向标定”的方式，来确定那些难以直接赋值的参数；三是检验模型结构的真实性，如果模型参数标定之后仍不能得到令人满意的、与现实系统的一致程度，那么就有足够理由怀疑问题是否出在模型结构本身。

5.1.1 参数标定的基本步骤

参数标定的基本方法是将模型运行多次，每次使用不同的参数并分析结果，看哪套参数下的模拟结果最接近对现实系统的观察。在使用数学模型的研究领域，已有大量的文献讨论模型拟合（fitting）和参数标定的问题，尽管这些文献所涉及的模型往往比多代理人模型简单得多（模型中的过程和参数都要少得多），其中的一些核心概念和基本原则在这里也是适用的。

一个重要的概念是现实中观察的数据包含的信息量有限，当用有限的信息来标定更多的参数时，对参数值的估计就会越发不确定。另一个相关概念是过拟合（Overfitting），意为当调节许多参数来针对有限的数据进行拟合时，尽管能够使得模型非常接近数据，却会使模型的一般性（Generality）更差。这是因为特定数据中总是包含误差、不确定因素和独特的条件，尽力用模型去拟合一套数据会造成模型参数去更多地适应这些误差、不确定因素和独特条件，从而更可能得到对其他条件解释力更差的参数。

解决过拟合问题有一些原则性的做法，比如控制参数的数量、交叉验证、稳健性分析（又称鲁棒分析，Robustness Analysis）等。以下是有效地进行参数标定的6个基本步骤。

（1）辨识关键参数

首先识别模型中的少量关键参数用以标定。这些参数应该相对重要且“不确定”，其作用也相对独立。

参数的不确定性指参数的准确值难以估计，只能知道参数的大致取值范围；或者参数本质上是变化的，不存在一个确定的值，甚至是无法度量的。判断参数重要性的一种可靠方法是敏感性分析（Sensitivity Analysis），就是尝试不同的参数值，观察相应的模拟结果，得到模拟结果相对于参数变化的敏感性，即结果的变化相对于参数的变化；再通过比较得出那些对模拟结果影响相对较大的参数。在敏感性分析时，尤其需要关注那些不确定性较大的参数，若一个参数的不确定性大，但敏感性低，那么基本上可以不进行参数标定。

（2）选择区间或最大拟合标定

标定参数的方法一般有两种，区间标定和最大拟合标定。区间标定指在标定参数时，预设一个模拟结果的置信区间，当模拟结果位于该区间之内，则接受相应的参数值；例如预设世界中羊的数量应在100~120只之间。如此，通过在不同的参数组合下进行模拟，可以得到满足条件的一系列参数组合。最大拟合标定指以模拟结果与现实观察结果之差的最小化（拟合优度最大化）为标准，得到一套最佳的参数组合，其本质上就是一个优化过程。

这两种方法如何选择？显然，当需要一套确定的参数组合时，最大拟合标定方法优于区间标定方法，因为最大拟合标定法总能给出一个“最优”的答案，但同时往往需要更小心地设定一个拟合的标准，又称目标函数；例如，当世界中羊的数量和狼的数量同时作为拟合的指标时，目标函数可能是狼和羊的数量总和之差，或者是羊的数量差与狼的数量差的平方和等；设定合理的目标函数需要一定的理论依据。反过来，当参数本质上是不确定的，或者不需要得到一套最优参数时，首先考虑使用区间标定方法。相对来说，区间标定方法更加适用于多目标下的参数标定，可以不对多个指标用目标函数来进行整合，标定的过程只是简单地判断结果是否同时落在预设的多个置信区间之内；但相对的“缺点”就是有可能得不到可行的参数值。

（3）判断是否以及如何使用时间序列标定

多代理人模拟能够模拟系统随时间的变化，因而当现实的观察数据同样在不同时间下收集的话，那就有可能用时间序列标定参数。

不过，有些模拟的目标可能只是得到系统长期变化的平均条件，因而并不对真实系统中的所有过程的动态进行仿真，也不用变化的环境作为输入数据。这一般就不是很有必要进行时间序列标定，取而代之的可以用模拟结果在时间序列下的统计特征来作为与现实观察相对比的指标，比如一段时间内羊的数量均值和标准差。

当需要使用时间序列标定，就需要量化时间序列下的模拟与观察结果间的拟合程度指标。这指标除了以上的均值和标准差之外，更重要的是能够反映变化的趋势，例如：①最大误差，在所有时间序列中，模拟与观察结果之差的绝对值，标定的目标是使得最大误差最小；②均方误差，模拟与观察结果之差的平方与所有时间序列的平均值，标定的目标也是使得均方误差最小，平方使得正负误差不会相互抵消，并更加突出较大误差的影响；③所有时间序列中模拟与观察结果足够接近的时间点的数量，该数量越大越好，关键是定义“足够接近”的内涵。

（4）辨识标定标准

该步骤需要辨识并定义用来标定模型的定量模式。一方面需要辨识需要用模型来产生的关键模式，另一方面需要定义这些模式的定量精度以判断模拟的准确性。这步看似简单，但往往是标定中最有挑战性的部分，具有不可预见的复杂性。

第一步，辨识不同类型的需要标定的指标，这些指标通常是今后需要应用的模拟结果，例如羊的数量和空间分布；在标定时最好将它们同时考虑。

第二步，确保观察的和模拟的结果表达相同的系统特征。这需要以下几点考量：①观察的结果应该产生于基本机制与模型机制相同的现实系统，且观察时的条件也与模拟时的接近；②观察的与模拟的结果应尽量在相同的时间测度相同的内容；③观察的时间和空间精度应与模型的时间步长和空间粒度相适应；④用变异性作为标定标准时需要多加留意，因为对于模拟来说产生指标变异性的原因可能有多个，可能来自多次实验的随机性、单次实验中的时间异质性，或者统计代理人时方法的不确定性，需要尽量使得观察结果的变异性与模拟结果的变异性具有相同的产生机制。

第三步，掌握这些标定模式的准确性和可靠性。观察的结果总是或多或少包含误差和不确定性，那么模型标定的模式也带有不确定性，这是无法避免的。因此当模式的误差越大，标定参数的不确定就越高，也就越不必要求模型结果与观察结果的高度一致，反倒是掌握观察结果的准确性和确定性对于判断观察中包含的信息量多少更加重要。

第四步，设定比较观察结果和模拟结果的方法，以判断最佳或者足够好的模拟结果。这在之前有所讨论，尤其需要注意的是当标定的模式有多种时，可能会遇到独特的问题，例如不同的参数会对部分但非全部模式产生影响，那么为了得到完整的参数，可能需要在不同的模式间加以权衡并综合。在此基础上，定义明确的定量算法来测度观察结果和模拟结果的差异。

（5）设计并实施模拟实验

定义了标定标准之后，便可进行模拟来找到合适的参数。如果只是随意地挑选参数组合进行模拟，不仅效率低，还很有可能错失好的参数组合。模拟实验设计的任务是对参数组合进行系统的设计，得到在所有参数可行域内的多个参数组合，这样模拟实验就能给出结果符合标定标准的参数的范围。

第一步，设定非标定参数的值并输入数据，尽可能使这些条件接近观察现实模式时的情景。

第二步，辨识参数的可行域并在每个可行域内设定取值，亦称为构建参数空间（Parameter Space）。如将羊的初始数量取 [1 50 100]，羊的繁殖率取 [0 0.02 0.04]，那么该实验的参数空间就包含 3 × 3=9 个参数组合。一般至少将参数可行域的边界值纳入参数空间。但参数数量多，取值多时就会导致大量的参数组合和冗长的模拟时间，一种实用的做法是先设定较少的取值，得到较少的参数组合；运行初步少量的模拟后，再于“前景”好的参数空间内进行更细密的模拟实验。下一节将介绍用 NetLogo 的参数空间功能开展模拟实验。

（6）分析模拟实验结果

理想情况下，参数标定的最后一步就是分析模拟实验的结果并辨识符合标定标准的参数组合。但得到所有参数组合都不全部符合标定标准的情况也时有发生，比如一套参数组合能够满足大部分的标定标准，但剩下的那些标准却只能由其他的参数组合来满足，某些标准甚至不能被任何参数组合满足。

遇到这种情况，首要考虑的是检查模拟实验中的模型、代码、输入数据等方面是否有错。如果未发现错误，那么很有可能是模型过于简单而无法使得模拟结果在标定标准下足够接近现实观察结果。这就需要重新考虑模型所基于的理论，是否有尚未考虑到的过程或代理人行为。修改的线索可以从那些未被满足的标定标准开始，推断有问题或缺失的环节在于模型的哪些过程中，进而针对性地改进。在完善模型的过程中，尤其在对完善的方面尚未透彻分析的时候，又需要警惕使模型复杂化的成本。在模型达到标定标准的前提下，尽可能地简化模型，是建模的基本原则，其主要目的就是为了降低过拟合的可能性。其次，如果认为模型本身没有问题，那么也可以考虑改变标定标准，或者放宽可接受的值域，使得有更多的参数组合能够满足标准。

5.1.2 行为空间

行为空间（Behavior Space）是整合在 NetLogo 中的用来开展模拟实验的软件工具。之前说到，模拟实验就是对不同的参数组合进行模拟，通过比较模拟结果与观察结果，来得到符合标定标准的参数组合。行为空间提供了一个系统、高效地开展模拟实验的平台，可以对不同的参数组合进行重复模拟，记录并输出模拟结果用于参数标定或者其他分析。重复模拟的功能非常必要，因为对于包含随机过程的模型来说，每次模拟的结果几乎不可能相同，因此往往需要通过多次模拟来得到结果的平均值或者是变化范围。行为空间可以利用计算机的多计算单元进行并行运算，提高模拟的效率。以下仍以狼吃羊案例来介绍行为空间的功能和用法。

■ 打开狼吃羊模型后，在“工具”栏中打开“行为空间”，显示行为空间的实验管理窗口。点击新建，显示实验设计窗口（图 5-1）。

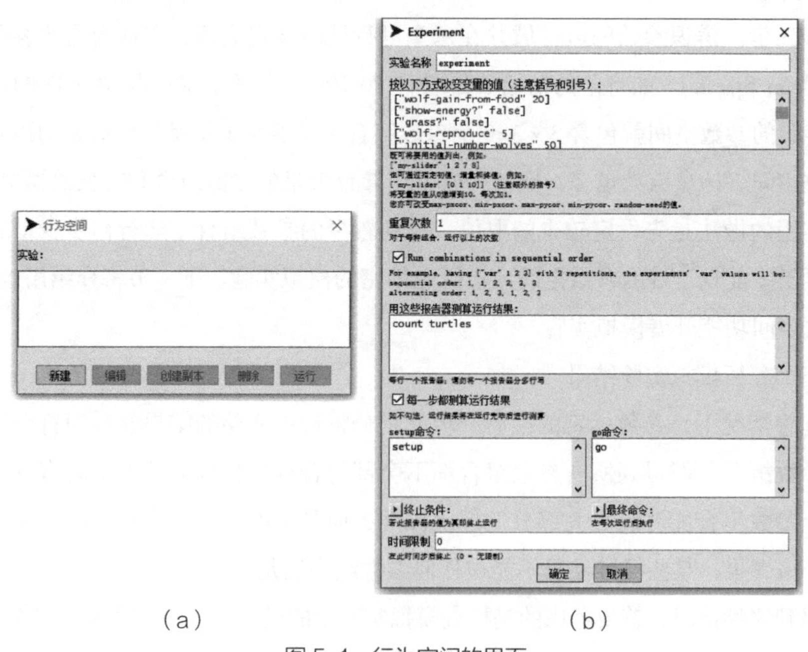

（a）　　　　　　　　　　（b）

图 5-1　行为空间的界面

（a）实验管理窗口；（b）实验设计窗口

实验设计窗口的首行用来自定义实验的名称。其下的输入框用来定义参数空间，即需要测试的参数及其取值。本例中，已经自动将模型界面中的控件全局变量都列了进去。行为空间只对控件全局变量进行实验，这些控件包括滑块、开关和选择器。定义参数取值的规则如下：

（1）每个参数占一行，用[…]包含两个输入参数，第一个是控件变量名，第二个是取值范围；

（2）控件变量名用“ ”包含；

（3）参数取值范围有两种定义方式，第一种为通例式，输入参数值的格式为[下界 增量 上界]；第二种为个例式，在参数名后直接输入取值个例，用空格隔开。

由此构建的参数空间即对所有参数的可能取值进行完全组合。

■ 在本例中仅对两个变量定义取值范围，其他均设为常量（仅一个值）：

```
[ “wolf-gain-from-food” 20]
[ “grass?” true]
[ “show-energy?” false]
[ “initial-number-wolves” 50 100 150]
[ “wolf-reproduce” 5]
[ “initial-number-sheep” [100 50 200]]
[ “sheep-gain-from-food” 4]
[ “grass-regrowth-time” 30]
[ “sheep-reproduce” 4]
```

■ 在“重复次数”输入框中输入 2。

重复次数输入框用来设定对每套参数组合进行模拟的次数，用于包含随机过程的模型模拟。

■ 在“实验需要测量的值”输入框中输入：

```
count sheep
count wolves
```

每一行定义一项输出的内容，即实验的测量值，可以是全局变量、算式、函数等。

■ 勾选“每步计算都进行测量”。

当勾选该选项，在每步计算（每个 tick）后都会根据以上提供的测量值输出结果；若不勾选，则仅在每次模拟结束之后输出结果。

■ 在“Setup 指令”输入框输入 setup，定义初始化过程。

需要注意的是，行为空间先构建参数空间，再对模型初始化。因此，不应在初始化过程中设定实验参数，否则将覆盖参数空间中的取值。

■ 在“Go 指令”输入框输入 go，定义模型运行主过程。

■ 展开“停止条件”，在输入框中输入 ticks = 200。

这里定义终止每次模拟（注意不是整个实验）的条件。此例中设定当计算步数等于 200 时终止模拟。在 go 过程中使用 stop 命令也可以终止一次模拟。“结束时运行指令”可以用来定义一次模拟在终止之前执行的过程。“时间限制”用来设定每次模拟运行多少步后停止，如输入 200，则与之前停止条件中的设定效果相同。

■ 点击确定建立该实验，点击运行，在对话框中选择结果输出格式，并分配计算单元数量用来并行计算，设定文件名后实验开始运行。

实验运行过程由监视窗显示（图 5–2），包含每次模拟的参数取值，以及测量值的动态变化。实验输出结果有两种格式（图 5–3），第一种 spreedsheet 格式统计每次模拟测量值的最小值、最大值、平均值等统计量，另外列出了每次模拟的每一步的测量值。本例有两个实验变量，每个 3 个等级，组合起来就是 9 个实验，每个运行 2 次，所以总共 18 次模拟，因此在 [run number] 这行有 18 列。table 格式则单纯输出每一步的测量值，从图中的第一列 [run number] 会发现其中的数字是交错的，这是因为使用并行计算后，这些模拟被分配到不同的计算单元，每个计算进程同时输出数据的缘故。

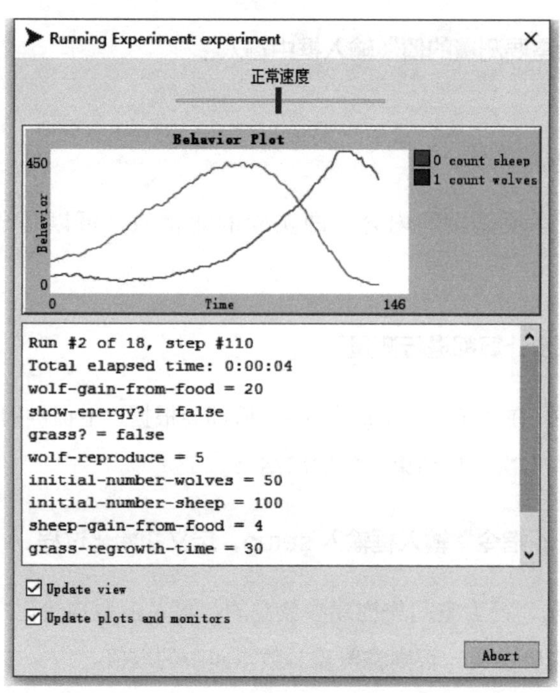

图 5–2　实验进度监视窗

	A	B	C	D	E	F	G	H	I
1	BehaviorSpace results (NetLogo 6.0.1)								
2	Wolf Sheep Predation.nlogo								
3	experiment								
4	10/24/2017 22:38:28.542 +0800								
5	min-pxcor	max-pxcor	min-pycor	max-pycor					
6	-25	25	-25	25					
7	[run number]	1	1	2	2	3	3	4	4
8	wolf-gain-from-food	20		20		20		20	
9	show-energy?	FALSE		FALSE		FALSE		FALSE	
10	grass?	FALSE		FALSE		FALSE		FALSE	
11	wolf-reproduce	5		5		5		5	
12	initial-number-wolves	50		50		50		50	
13	initial-number-sheep	100		100		150		150	
14	sheep-gain-from-food	4		4		4		4	
15	grass-regrowth-time	30		30		30		30	
16	sheep-reproduce	4		4		4		4	
17	[reporter]	count shee	count wolv	count shee	count wolv	count shee	count wolv	count shee	count wolv
18	[final]	62	7	19	4	0	1	105	3
19	[min]	14	7	7	4	0	1	11	2
20	[max]	360	390	411	448	430	470	400	423
21	[mean]	155.7164	137.0498	163.9751	147.801	157.4378	151.7413	147.5224	130.7164
22	[steps]	200	200	200	200	200	200	200	200
23									
24	[all run data]	count shee	count wolv	count shee	count wolv	count shee	count wolv	count shee	count wolv
25		100	50	100	50	150	50	150	50
26		101	47	101	53	155	49	154	52
27		101	51	103	54	157	50	157	51
28		104	53	107	56	158	52	163	54

（a）

	A	B	C	D	E	F	G	H	I	J	K	L	M
1	BehaviorSpace results (NetLogo 6.0.1)												
2	Wolf Sheep Predation.nlogo												
3	experiment												
4	10/24/2017 22:41:56:483 +0800												
5	min-pxcor	max-pxcor	min-pycor	max-pycor									
6	-25	25	-25	25									
7	[run numbe	wolf-gain-f	show-ener	grass?	wolf-repro	initial-num	initial-num	sheep-gair	grass-regro	sheep-repr	[step]	count sheep	count wolves
8	4	20	FALSE	FALSE	5	50	150	4	30	4	0	150	50
9	7	20	FALSE	FALSE	5	100	100	4	30	4	0	100	100
10	2	20	FALSE	FALSE	5	50	100	4	30	4	0	100	50
11	5	20	FALSE	FALSE	5	50	200	4	30	4	0	200	50

（b）

图 5-3 实验结果的两种输出格式
（a）spreadsheet 格式；（b）table 格式

在输出结果的基础上，就可以分析参数变化与测量值之间的关系（图 5-4）。如果将测量值直接设为标定标准，则可以更直观地进行参数标定。

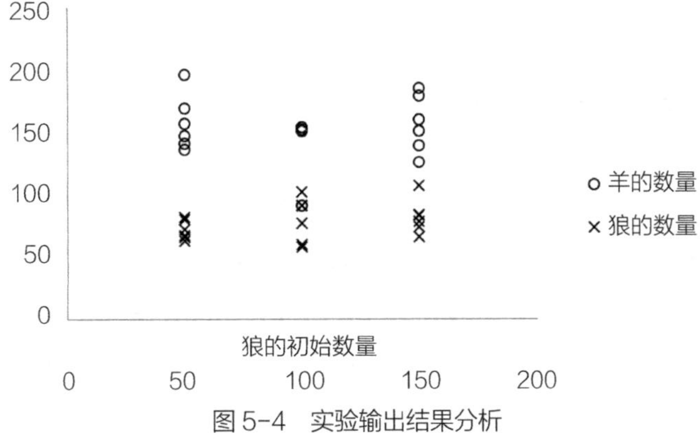

图 5-4 实验输出结果分析

5.2 系统动力学模拟

系统动力学（System Dynamics，SD）是一种用于理解复杂系统的非线性行为的方法。该方法基于系统论（System Theory），通过构建系统行为与内在机制间紧密的相互依赖关系，并建立数学模型来获得对问题的理解。系统动力学于1950年代被提出，最初用于帮助企业理解生产和商务过程（图5-5），如今已经被广泛用于公共及私人领域的政策分析与设计。由于构建的系统可能很复杂，导致用数学解析方法进行研究非常困难，因此模拟成为系统动力学研究和应用的有力工具。NetLogo包含了一个系统动力学模拟工具。不过，系统动力学模拟与多代理人模拟有着本质差别，系统动力学的研究对象是系统要素量之间的集合关系，而不是个体行为。以狼吃羊模型为例，多代理人模拟通过仿真狼和羊个体之间的交互来观察涌现的集合行为，而系统动力学模拟通过构建狼群和羊群在数量上联系来观察这些数量的动态变化。可以说，系统动力学模拟是更加宏观的模拟，在同一宏观层面可以与多代理人模拟作一定程度的相互印证。

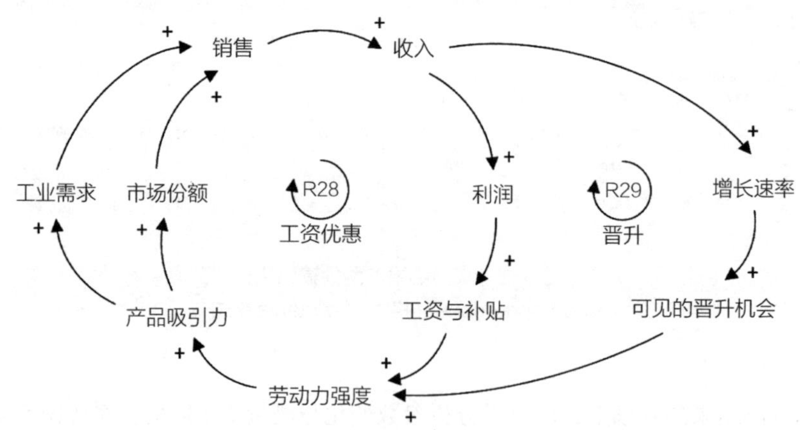

图5-5 系统动力学模型示例

来源：http://blog.sina.com.cn/s/blog_48319bc7010106tj.html
（笔者重绘）

5.2.1 系统动力学的基本概念

（1）发展历程

系统动力学创始于1956年，在1950年代末成为一门独立完整的学科，其创始者为美国麻省理工学院福瑞斯特教授（J. W. Forrester，1918—2016）。初期系统动力学主要应用于工业企业管理，处理诸如生产与雇员情况的变动、市场股票与市场增长的不稳定性等问题，因此早期称为“工业动力学”。而后，系统动力学的应用范围日益扩大，从民用到军用，从科研、设计工作的管理到城市摆脱停滞与衰退的决策，从世界面临指数式增长的威胁与资源储量日益殆尽的危机到检验糖尿病的病理假设等，范围非常广泛。

1960年代是系统动力学成长的重要时期，一批代表这一阶段理论与应用研究成果水平的论著问世。福瑞斯特发表于1961年的《工业动力学》（Industrial Dynamics）阐述系统动力学的原理与典型应用，已成为系统动力学的经典著作。《系统原理》（Principles of Systems，1968）一书侧重介绍系统的基本结构。1968年，当时的波士顿市长科林斯（J. F. Collins）与福瑞斯特合作将系统动力学延伸到城市领域，产生了《城市动力学》（Urban Dynamics，1969）这一重要著作，该书总结了美国城市兴衰问题的理论与应用研究的成果。

1970年代系统动力学进入蓬勃发展时期，由罗马俱乐部（Club of Rome）支持国际研究小组承担的世界模型研究课题，研究世界范围的人口、资源、工农业和环境污染诸因素的相互关系，以及产生后果的各种可能性。而以福瑞斯特为首的美国国家模型研究小组，将美国的社会经济作为一个整体，成功地研究了通货膨胀和失业等社会经济问题，第一次从理论上阐述了经济学家长期争论不休的经济长波产生和机制，随之出版《世界动力学》（World Dynamics，1971）一书，提出了研究全球发展问题的"世界模型"（World Model）。

（2）基本概念

系统动力学的基本研究方法是绘制要素关系图（图5-6）。关系图中有两类基本要素：库（Stock）和流（Flow）。库代表要素的积累和消耗，通常用方框表示，如图中的人口。流代表单位时间库的积累和消耗的量，通常用双线箭头加一个阀门的符号表示；流的箭头指向库表示要素的积累，如图中的人口净出生和迁入人口；流的箭头离开库表示要素的消耗，如图中的迁出人口。流的值需要定义，图中指向流的阀门的单线箭头表示定义流的相关要素，这些要素可以是外生的变量（图中无框的

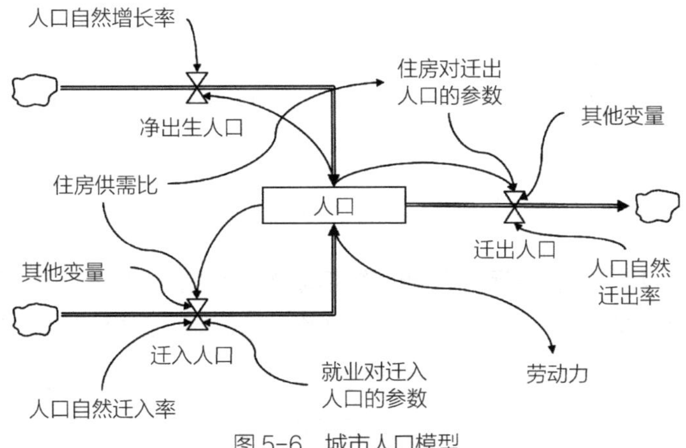

图5-6 城市人口模型

来源：Shen，et al.，2009，经本书作者简化

要素），也可以是库，如图中人口总量对净出生人口、迁入和迁出人口均产生影响，这种互为因果的关系是系统动力学模型中最为有趣的部分，也是非线性行为的重要来源。流即被定义为相关要素的函数，流乘以时间既是直接影响库的流量；流也可以是常量。外生变量可以是常量，也可以由其他要素通过函数来定义。

可见，系统动力学的基本概念非常简单，却可以用来表达非常复杂的系统，因此模拟成为系统动力学研究的常用方法。以要素关系图为蓝本建构模拟模型之后，设定每步模拟代表的时间；模拟时，每步根据定义的函数计算流量、库、变量的变化，模拟要素之间的影响和流动，可视化系统的动态演化过程。以下介绍 NetLogo 的系统动力学建模工具。

5.2.2 NetLogo 的系统动力学建模工具

NetLogo 的系统动力学建模工具是一个软件模块，需依托于 NetLogo 的编程环境使用，也可以与多代理人模型同时运行以开展比较。在 NetLogo 模型库中，在 System Dynamics 目录下有两个狼吃羊模型的案例，其中一个单纯建立系统动力学模型，以下以此为案例；另一个与多代理人模型相整合。

■ 在菜单“工具”项中打开“系统动力学建模工具”，显示建模工具窗口（图 5-7）。

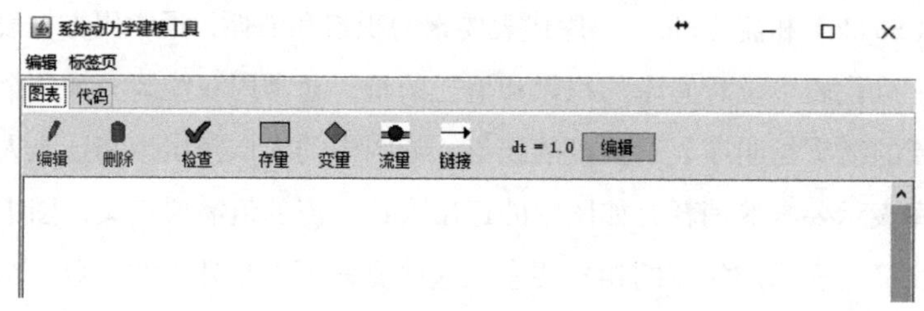

图 5-7 系统动力学建模工具窗口

该建模工具被设计为采用图形用户界面的建模方式，类似于画要素关系图，以使得建模的过程更加直观方便。在工具栏中有 4 个图标代表建模的基本要素，其中“存量”等同于之前说的库，“流量”等同于流，“链接”用来定义要素之间的关联，“变量”用作定义参数。工具栏下方的空白处即模型空间。

■ 点击工具栏存量图标，移到模型空间中再次点击，创建一个存量。双击存量图标，弹出对话框。在名称（Name）栏输入 sheep（羊群），在初始值（Initial value）栏输入 100，设定该存量的初始值。点击确定完成创建 sheep 存量。

■ 点击工具栏流量图标，移到模型空间中，在已建存量图标范围之外按下鼠标后拖向存量，建立一个指向该存量的流量，暂时先不对其设定。

■ **点击工具栏变量图标，移到模型空间中在此点击，创建一个变量。双击变量图标，弹出对话框。在名称栏输入 sheep-birth-rate（羊的出生率），在表达式（Expression）栏输入 0.04，即单位时间内羊的出生概率。**

■ **点击链接图标，移动至模型空间中的存量出，按下后拖动至流量的阀门处松开，建立由存量指向流量的链接。用同样的方法建立变量指向流量的链接。**

■ **双击流量，弹出对话框。在名称栏输入 sheep-births，在表达式栏输入 sheep-birth-rate * sheep。**

如此完成创建一个简单的系统动力学模型（图 5-8）。该模型的机制即为：羊的数量从最初的 100 开始，每个模拟步增加的羊的数量等于羊的数量乘以羊的出生率。

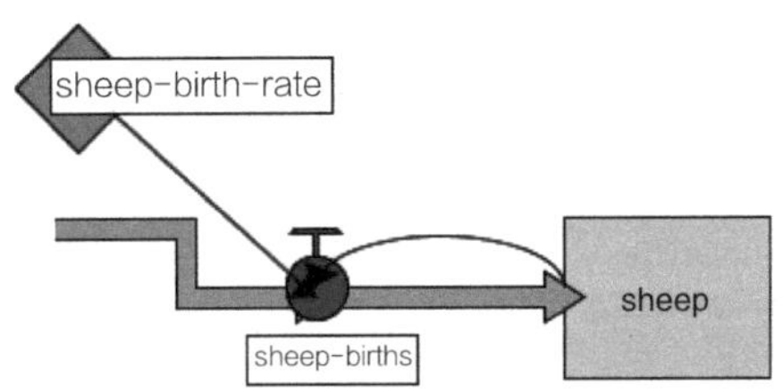

图 5-8　简单的系统动力学模型

（来源：NetLogo 操作手册）

■ **将选项卡从“图标”切换到“代码”，如下：**

```
; SD 模型全局变量
globals [
  ; 常量
  sheep-birth-rate
  predation-rate
  predator-efficiency
  wolf-death-rate
  ; 存量变量
  sheep
  wolves
  ; 模拟步长
  dt
]

; 初始化 SD 模型
; SD 的初始化过程
to system-dynamics-setup
  reset-ticks
  set dt 0.001
  ; 初始化常量
  set sheep-birth-rate .04
```

```
  set predation-rate 3.0E-4
  set predator-efficiency .8
  set wolf-death-rate 0.15
  ; 初始化存量
  set sheep 100
  set wolves 30
end

; SD 的运行过程
to system-dynamics-go
  ; 计算流量和变量
  let local-sheep-births sheep-births
  let local-sheep-deaths sheep-deaths
  let local-wolf-births wolf-births
  let local-wolf-deaths wolf-deaths
  ; 更新存量
  ; 使用临时变量使得结果不受计算过程的影响
  let new-sheep max (  list 0 (  sheep + local-sheep-births - local-sheep-
deaths  ) )
  let new-wolves max (  list 0 (  wolves + local-wolf-births - local-wolf-
deaths  ) )
  set sheep new-sheep
  set wolves new-wolves
  ; 计数器更新步长
  tick-advance dt
end

; 返回流量值
to-report sheep-births
  report ( sheep-birth-rate * sheep ) * dt
end

to-report sheep-deaths
  report ( sheep * predation-rate * wolves ) * dt
end

to-report wolf-births
  report ( wolves * predator-efficiency * predation-rate * sheep ) * dt
end

to-report wolf-deaths
  report ( wolves * wolf-death-rate ) * dt
end
; SD 的作图过程
to system-dynamics-do-plot
  if plot-pen-exists? "sheep" [
    set-current-plot-pen "sheep"
    plotxy ticks sheep
  ]
  if plot-pen-exists? "wolves" [
    set-current-plot-pen "wolves"
    plotxy ticks wolves
  ]
end
```

图示模型被自动转译成代码，该代码是不可编辑的。代码中，存量和变量都声明为全局变量。初始化的过程名为 system-dynamics-setup，其中设置存量和变量的初始值，另外设置时间间隔全局变量 dt，默认为 1.0。流乘以 dt 即得到流量，因此 dt 越小，模型的计算越频繁、越精细，但模拟过程越缓慢。system-dynamics-go 是模拟循环运行的主过程，本例首先定义了 local-sheep-births 局部变量，直接赋值为 sheep-births ；sheep-births 在关系图中就是流量，但凡流量在代码中均被定义为函数，函数返回值即在流量对话框中定义的表达式乘以 dt ；存量加流量得到新的存量值 new-sheep，由于在存量对话框中未设置允许出现负值，因此用 max 函数在 0 和 new-sheep 之间取最大值，并重新赋给 sheep ；最后计数器累计 dt。system-dynamics-do-plot 是绘图更新过程，所有存量如定义了对应画笔，则在每个 tick 绘制存量的值。

运行系统动力学模型需通过 NetLogo 编程环境。

■ **在界面上创建一个 setup 按钮、一个 go 循环按钮、一个 sheep 监视器、一个图，在图中创建一个名为 sheep 的画笔。**

注意画笔的名称必须与要显示的库的名称一致，从上面代码中的 system-dynamics-do-plots 过程中可见，仅当与库同名的画笔存在时，才作图。

■ **在代码窗口中输入以下代码，创建与界面按钮同名的两个过程，其中分别调用系统动力学模型代码中的 setup、go 和 do-plot 过程。**

```
to setup
  clear-all
  system-dynamics-setup
  system-dynamics-do-plot
end

to go
  system-dynamics-go
  system-dynamics-do-plot
end
```

先点击 setup 按钮，再点击 go 按钮，即可运行系统动力学模型，此时羊的数量迅速地指数增长。

■ **参照图 5-9 建立完整的狼吃羊模型，并定义如下参数：**

■ **wolves（狼的数量，存量）的初始量 =30**

■ **wolf-death-rate（狼的死亡率，变量）=0.15**

■ **wolf-deaths（狼的死亡量，流量）=wolves*wolf-death-rate**

■ **predator-efficiency（狼的捕食效率，变量）=0.8**

■ predation-rate（狼捕羊的概率，变量）=3.0e-4

■ wolf-births（狼的出生量，流量）=wolves*predator-efficiency*predation-rate*sheep

■ sheep-deaths（羊的死亡量，流量）=sheep*predation-rate*wolves

■ 最后，添加一个 wolves 监视窗，以及在图中新建一个 wolves 画笔。

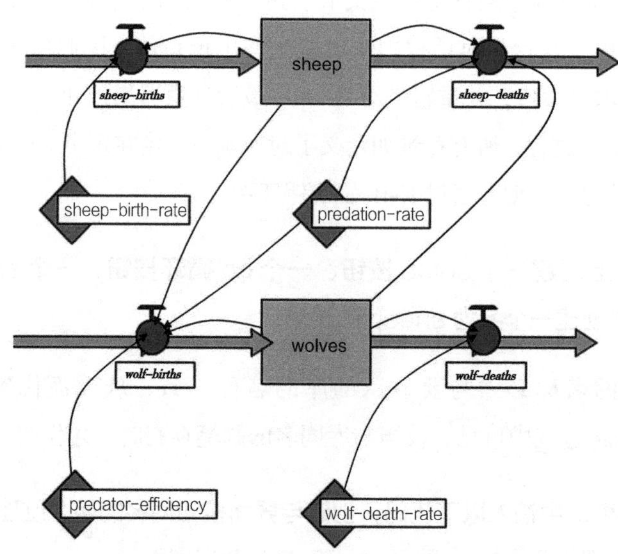

图 5-9　完整的狼吃羊系统动力学模型

（来源：NetLogo 操作手册）

运行模型类似图 5-10，羊和狼的数量会出现周期性的变化。

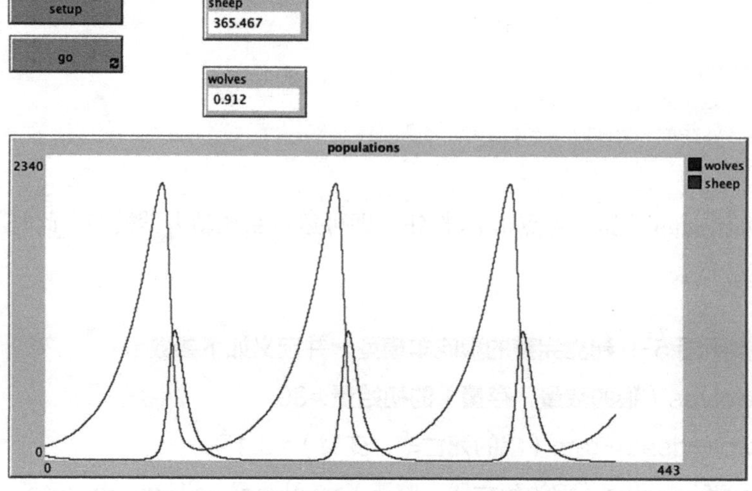

图 5-10　完整的狼吃羊系统动力学模型运行效果

（来源：NetLogo 操作手册）

5.3 本章小结

参数标定对于任何建模过程都是非常关键的环节，本章仅仅介绍了一些基本的概念和过程，有大量更专业的文献讨论这个问题。行为空间只是为 NetLogo 模型提供了参数标定的工具，参数标定的质量控制主要有赖于整个标定过程的科学设计与严谨实施，其中最为重要的是明确界定标定的标准、严格控制模拟条件以使得每次模拟结果可比以及辨识起主要作用的参数。

系统动力学模拟与多代理人模拟存在本质的不同，但两者亦可相互印证。系统动力学模拟的集合视角相比于多代理人模拟的个体视角，往往会忽略一些细节机制（例如羊的繁殖只用出生率来控制，而不是通过能量和阈值），其优点是更加简单，计算量小，受随机过程的干扰小；缺点也很明显，无法模拟空间，过于简化的机制可能无法把握某些细节但关键的过程（如狼碰不到羊就会饿死）。反过来，当系统动力学模型被认定是可靠的，那么其模拟结果的基本态势就可以作为多代理人模型的标杆，通过对照多代理人模拟的涌现效果来检验更加细致的多代理人模型的有效性。

5.4 练习

（1）基于狼吃羊模型，定义一个更复杂的参数空间自动停止运行的标准，如狼和羊的数量达到了周期性的平衡。

（2）思考如何用两种思路来模拟同一个城市现象或者解决同一个城市问题：一是个体模拟思路，需要定义哪些类型的代理人以及互动机制？二是集合模拟思路，需要定义哪些集合变量以及要素流动的机制？分析这两种思路对于模拟该现象、解决该问题的优势和劣势。

NetLogo 的规划应用

6

作为理论验证的工具——中心地理论在 NetLogo 中的实现及验证

验证城市规划中的理论往往很困难，主要因为理论只涵盖城市的某个方面和某些影响要素，而现实的城市发展于高度复杂的环境中，验证的外部环境不可能控制；同时某些方面的发展需要长期的过程，造成验证所需的观察缺乏可行性。多代理人模拟对于解决以上制约有着独特的优势，一是可以人为规定可控的外部环境，二是可以在短时间内观察动态的演化过程，从而在一定程度上对理论进行检验。

沃尔特·克里斯塔勒（Walter Christaller）的中心地理论（Christaller，1966）就属于这样一种理论，其提出由来已久，但对现实中多种因素复杂作用下的中心地体系进行实证研究并指导规划实践一直难以开展。传统模拟研究方法采用数学线性规划的思路，通过优化目标函数来实现对中心地体系的还原与考察，但复杂程度有限，难以用于实证研究和实践。本章示例用 NetLogo 基于中心地理论开发的零售业空间结构模拟系统，通过模拟商业中心和消费者两类代理人的行为，得出商业中心结构分布。

6.1 背景

1930 年代克里斯塔勒提出的中心地理论对解释聚落的等级和空间分布产生了深远的影响。该理论以供应商和消费者双方的交互作用为核心机制，推导出各等级聚落在理想条件下的空间位置和势力范围。对中心地理论的验证首先在城镇体系中展开，后来逐渐扩展到城市内部的零售服务业体系（Berry，1963），因为形成这两种体系背后的机制非常相似。然而，中心地理论却一直难以应用于实证（Marshall，

1978），因为它所依赖的理想条件几乎不同时存在于现实世界，主要包括：空间均匀分布、同质需求和购买能力的消费者；就近购物假定；单目的出行；各方向等同的交通成本。虽然之后几十年来研究者们陆续对中心地理论进行修正，纳入更加现实的环境因素，将所有这些修正融入一个可操作的分析模型框架却过于复杂，难以解释一个中心地体系是如何在所有这些因素的共同作用下形成的。计算机模拟是目前应用中心地理论于城市零售体系实证研究和规划实践的唯一方法。

模拟方法通常根据中心地理论建构模拟模型，其中包括规定供应商和消费者的行为规则，设定空间环境和具体模型参数。模拟的过程就是在模仿供需双方的交互行为，通常会达到一个均衡状态，被认为是特定环境下“理想”的中心地结构。然后对这个结构进行分析或与现实中的中心地体系进行比较。普耶尔（Puryear，1975）是比较早采用模拟方法的研究者。他用混合线性规划模型建构城市产业部门和消费者的供需关系，其中纳入了非均质的地理和人口分布、城际贸易以及多样化的需求，模拟结果所得到各产业规模结构接近实际。认识到线性规划方法在考察实际中心地问题时的不可操作性，怀特（White，1977）不以系统总体优化为目标，而采用动态模拟的方法考察平衡状态时的模拟中心地结构特征。该模拟系统在均质的消费者分布基础上，定义了商业中心的运营成本和收入函数，以及中心根据利润调整规模的函数。其中的收入函数是整个系统中比较核心的机制，采用重力模型表达消费者的消费分配。除了显示该系统的稳定性以外，还发现距离摩擦系数在决定中心地结构中的关键作用，而成本机制相对次要。在进一步的验证中，怀特（White，1978）发现当在系统中加入人口集聚效应机制，模拟的中心地体系呈现普遍的等级—规模结构。为了解释现实中很多中心地体系并非以理论结构布局，范登布鲁克（Vandenbroucke，1993）开发的一个模拟框架假定均质的居住分布和消费者就近购物行为，模拟仅考察一个等级的中心地结构。每一个模拟周期中会有一个新的中心地进入市场，其选址尽量远离已有的中心地，消费者就会被重新分配到各中心地，每个中心地根据维持运营所需的消费者量决定是否退出市场。模拟的结果确实显示了不规则的中心地结构，且发现以利益最大化原则来选址所导致的中心地结构也并不是整体效率最高的，因为早期进入市场的中心地占据有利位置，给后来的中心地留下不多的利润空间。该模拟框架两年后得到进一步扩展（Vandenbroucke，1995），涉及两个等级的中心地并考虑到多目的购物出行。这样就可以用来考察高等级中心地的吸引力对低等级中心地数量的影响，总体上成反比。此外，柯汀和切奇（Curtin & Church，2007）以及克姆雷和哈尼克（Cromley & Hanink，2008）都使用线性规划模型模拟中心地的形成，其中前者以中心地分散最大化为优化目标，而后者以中心地数量最大化和消费者剩余最大化为目标，可以说殊途同归，均得到六边形的中心地布局。杨遴杰（2003）将模拟方法应用在零售型电子商务企业配送中心选址问题中，假定了均质的消费者分布和交通成本，以配送中心运输和地租成本的最小化，得出近似中心地理论中 6 个左右配送中心的最优结果。

多代理人模拟自下而上的特性与中心地形成机制吻合，亦有少量基于多代理人模拟的中心地研究。申克等（Schenk et al.，2007）建构的模拟平台使用实际的人口社会经济属性和城市商业中心数据，根据消费者选择商业中心的模型模拟购物出行，估计商业中心的营业额并与实际的营业额进行比较，结果令人满意。吴晓军（2005）建构了城镇体系研究中的复杂适应性模型——需求服务（RSCAS）模型，得出门槛值决定了中心地等级体系。但这个模型直接在正六边形分布的基础上对不同门槛需求的服务在 7 座城市间的分配进行讨论和分析，削弱了模型结论的价值。薛领等（2010）建立的多代理人商业空间结构模拟中，购买者和厂商两类代理人相互作用。购买者在空间商均匀分布，厂商的选址通过遗传算法进行整体优化，进而得到六边形的厂商布局。其主要缺点是现实中并不存在厂商全局优化空间位置的机制，这也违背了多代理人技术自下而上生成宏观现象的理念；再者，由于遗传算法运算量大，模拟场景不得不简化，限制了大规模应用于实践的可能。

大多数现有的商业体系模拟方法采用数学规划优化方法，由于受到算法能力的限制，仅能开展小规模、简单场景下的模拟，且通常用于理论探讨，无法用于商业规划实践。多代理人模拟不依赖于某种总体的优化控制，而是通过精确地模拟个体行为，生成总体层面的商业体系形态，与现实世界的运行机制是一致的。

6.2 模拟方法

零售商业中心的空间布局主要在消费者和供应商的互动之下形成。在这个过程中，地形、土地使用、交通、经济、文化、习俗等众多因素协同影响，构成一个复杂的动态系统。这里提出的模拟系统仅考虑一些最基本的要素，从而构建一个相对简单但并非脱离实际的模拟框架。当这一简单的框架被验证具有一定的合理性后，可以逐渐增加它的复杂度和真实度。

6.2.1 供应商行为

模拟系统中有两类代理人。第一类是零售业供应商，在这里也就是商业中心，具有以下行为特征。

（1）服务等级

商业中心有三个等级，用 D 表示：一级中心（$D=1$）等级最高，类比城市级商业中心；二级中心（$D=2$）居中，类比地区级商业中心；三级中心（$D=3$）等级最低，类比社区级商业中心。

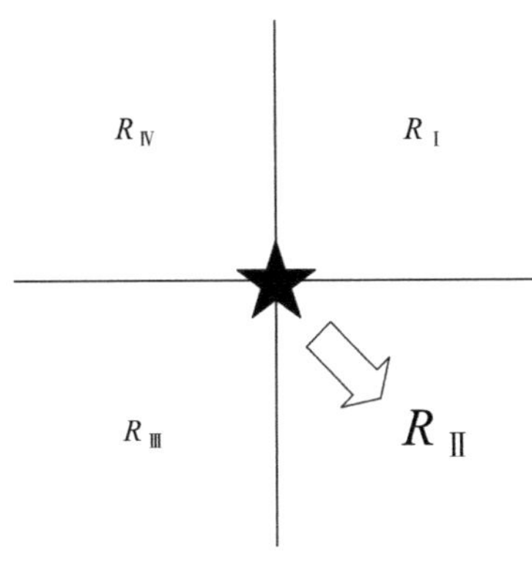

图 6-1　商业中心空间调整规则

（2）空间调整

商业中心以一定的周期调整它的空间位置，这个周期用 t_M 表示，并设定为 30 个 tick。空间位置调整遵循“向钱看”的原则，即商业中心向收入最大的方向移动。这里的收入用 R 表示，是消费者在 t_M 时间内于这个商业中心的总消费额。具体的调整规则如下：图 6-1 中以商业中心（五角星）为基准将整个空间划分为Ⅰ、Ⅱ、Ⅲ、Ⅳ四个象限。每个周期统计来自这四个象限的消费者的总消费额 R_{I}~R_{IV}，比较得出收入最大的象限（图中为第二象限），朝该象限中的某个随机方向移动一个单位距离。

虽然现实中商业中心作为一种零售业空间形态并不主动进行空间调整，但“向钱看”原则表征了商家向消费潜力最大地区选址的基本行为特性。可以认为消费潜力大的地区吸引商家开业，消费潜力小的地区导致商家撤业，这两种行为共同形成整体层面的商业中心空间调整。除了这个原则以外，也尝试了另外两个原则，分别是向最大消费者光顾量方向（人气最高）移动原则和向消费者出行距离最长方向（可达性最好）移动原则。经过比较，“向钱看”原则产生的布局结构最接近实际。

（3）降级与竞争

商业中心的服务职能是由消费量支撑的。高级需求量通常少于低级需求量，因此造成高级中心数量少于低级中心数量。消费者对某一商业中心的需求或多或少在变化。这种变化源于多种因素，如商业中心位置的调整、其他中心的竞争、交通条件的改善等。因此为了反映这种动态过程，纳入了商业中心的降级与竞争机制。规定每个商业中心以一定的周期 t_G 进行战略决策，这个周期具体设定为 12 个 t_M，也就是 360 个 tick。该机制通过收入阈值来实现，用 L_D 表示，中心等级越低，收入阈值越低，例如：对于一级中心 L_1=3000 元（单位货币）；对于二级中心 L_2=500 元；对于三级中心 L_3=100 元。商业中心的战略决策过程为，当收入小于相应等级的阈值，中心降级为下一级中心或者消亡（对于三级中心），模拟经营不可维持；当收入大于阈值的 2 倍，在原处产生一个同级的新中心，模拟商业中心之间的竞争，因为收入已经可以“养活”两个同级商业中心。这些参数均通过多次尝试后设定，尚无严格意义上的实证基础，设定的原则是模型的表现基本符合现实，相当于一个粗略的参数标定过程。

6.2.2　消费者行为

模拟系统中的另一类代理人就是消费者，他们选择商业中心购物消费。

（1）购物频率与花费

消费者各级别的需求程度不同，因此规定一级需求（对应于一级商业中心职能）的频率 F_1 是每个单位模拟时间内 3.3%，相当于在一个 t_M 内，平均有一次一级购物需求；二级需求（对应于二级中心职能）的频率 F_2=6.6%；三级需求（对应于三级中心职能）的频率 F_3=50%。对于高级服务，消费者的支出也相对较大，规定满足一级需求的花费 S_1=20 元；满足二级需求的花费 S_2=5 元；满足三级需求的花费 S_3=1 元。这些消费额都记入商业中心的收入中。

（2）商业中心选择

最初的中心地理论中假定消费者总是到最近的中心地购物，而实际上，当有多个商业中心能够满足某等级的需求时，消费者通常并不总是固定于一个中心，而是在这些中心当中选择一个作为购物出行的目的地。这些商业中心就构成一个消费者的选择集。

对商业中心选择行为的研究由来已久，最为普遍的就是用离散选择模型（Discrete Choice Model）来考察商业中心要素对消费者购物出行的影响（Timmermans et al.，1991；Arentze et al.，1993；Oppewal & Timmermans，1997；Arentze and Timmermans，2005；张文忠，李业锦，2006）。这些要素通常包括商业中心的规模、出行距离、零售业服务内容、停车场数量等，共同构成消费者评价商业中心的效用。模型假定消费者选择效用最大的商业中心。本模拟系统也借鉴选择模型来模拟消费者的商业中心选择行为。规定满足某级需求的商业中心选择集为 $C_D=\{c_1, c_2, \cdots, c_N\}$，每个中心的效用由 v_n 表示。消费者选择某中心的概率为：$P_n = \exp(v_n) / \sum_{m=1}^{N} \exp(v_m)$（模型推导可参考 Train，2003）。这里采用简化的效用函数，仅考虑消费者到商业中心的直线距离 d_n，假定满足同一等级需求的商业中心吸引力相同。效用函数即 $v_n=\beta_D \ln(d_n)$，其中参数 β_D 为某级需求的距离摩擦系数；距离取自然对数表示边际效用递减的效果。根据中心地理论，高级中心涵盖低级中心的功能，因此当消费者产生一级需求，其选择集就是一级中心；当其产生二级需求，其选择集包括一级中心和二级中心；当其产生三级需求，其选择集则包含所有等级的中心。

距离摩擦系数为负值，这样商业中心距离消费者越远，效用就越低，被选择的概率也就越小。消费者对不同等级商业中心具有不同的距离偏好。对于低级中心，消费者往往希望能在步行范围之内；另外低级中心的经营门槛低、数量多、竞争激烈，商家希望靠近住区选址，因此距离摩擦系数的绝对值就比较大，效用随距离衰减的效果非常明显。相对，高级消费的频率低，高级中心的数量少；面对这种更为刚性的需求，商家有供给垄断的优势，不那么愿意与消费者“拉近乎”；反过来，消费者往往愿意付出更多的出行成本来满足高级需求，相应距离摩擦系数的绝对值就比较小。这样，距离摩擦系数的不同主要决定了各级商业中心的服务范围，例如：β_1=−2，β_2=−5，β_3=−10。

6.2.3 模拟流程

模拟的流程如图 6–2 所示，其中的粗线框表示模拟系统的过程；细线框表示消费者的行为模拟；虚线框表示商业中心的行为模拟。整个模拟开始于生成一定量的消费者分布在模拟空间内，世界的尺寸为 50 × 50。接着生成不同等级和数量的商业中心随机分布在模拟空间内。这里对商业中心的初始生成有一个特别的处理。现实中商业中心往往是从无到有、从低级到高级逐渐产生和发展的，其中包括商家不断进入或退出零售业市场的决策动态。为了简化模拟过程，本模拟系统采用一种相反的机制——从有到无、从高级到低级（图 6–3）。模拟一开始生成数量众多的一级中心，因为降级和竞争机制，达不到收入阈值的中心就会渐渐降级甚至消失，剩下的商业中心成为最终的胜利者。且每次调整仅针对每个等级中收入最低那个中心，如此来避免因为竞争，多个中心都达不到收入阈值而同时降级或退出市场的情况。另外还纳入了一个市场进入机制，当系统达到均衡状态时，

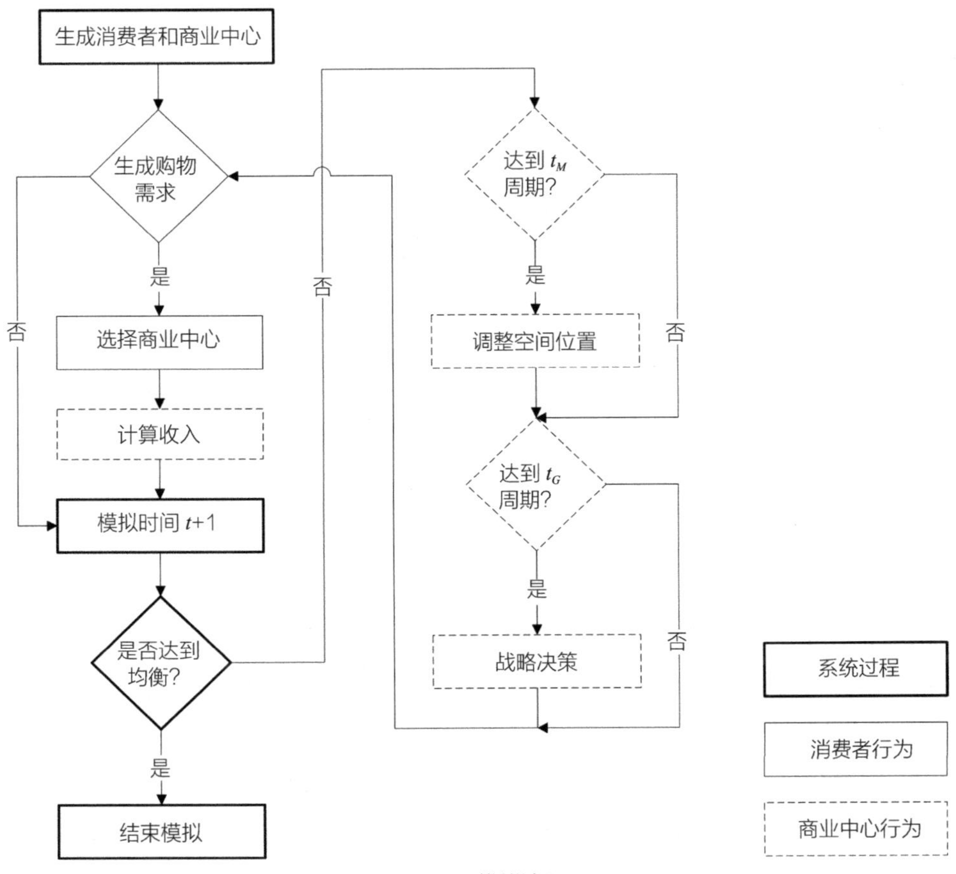

图 6–2 模拟流程

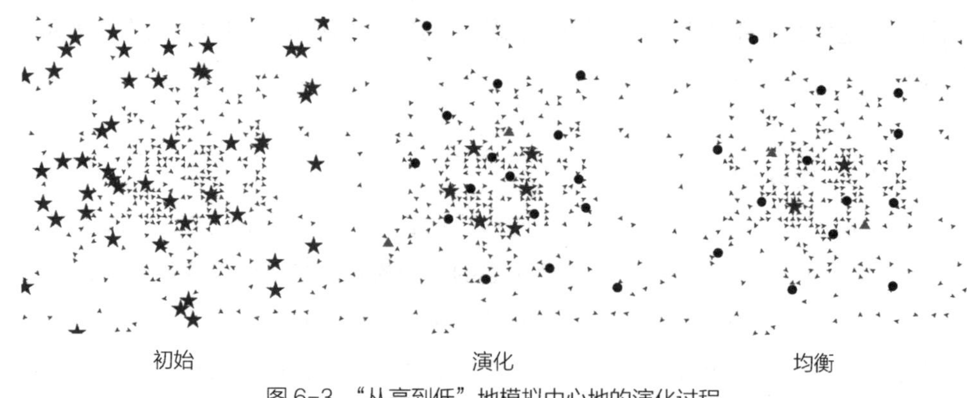

图 6-3 “从高到低”地模拟中心地的演化过程

图中：五角星表示一级中心，三角形表示二级中心，圆圈表示三级中心，箭头代表消费者

随机生成一个一级中心，以打破并检验该均衡状态是否稳健；如果还能回复到该均衡状态，则说明它是稳健的。

接下来，在每个单位模拟时间 t 内，所有代理人顺序发生以下的行为。消费者根据 F_D 决定是否要购物以及需求的等级。一级需求最先判断：产生一个 0~1 之间的随机数，如果这个数小于 F_1，那么需要前往一级职能中心购物；如果这个数大于 F_1，那么接着判断是否有二级购物需求，依此类推。如果最终没有任何购物需求，这个消费者不产生任何行为。产生了一定等级的购物需求后，消费者在所有相应等级商业中心集内进行选择。根据到各中心的距离计算 P_n 后，依据概率随机选择一个中心作为目的地。这个被选择的商业中心进行一些统计：①中心的光顾人次增加一个单位；②消费者的花费记入中心的收入；③消费者的出行距离记入中心的出行总距离；④消费者居住的位置（四个象限之一）。当所有的消费者完成以上的过程之后，系统增加一个单位时间。

当时间达到空间位置调整的周期，每个商业中心就根据四个方向的总收入来调整位置。当时间达到战略决策的周期，商业中心就根据收入来判断保持原状、降级或退出市场。调整结束后，一轮模拟结束，进程从消费者的需求生成重新开始。整个模拟过程没有设定自动中止机制，当商业中心的等级和空间结构趋于稳定平衡时，人为结束模拟。

模型的界面如图 6–4 所示。世界的右侧及下侧为参数设定及运行控制控件，左侧为监视控件，包括各等级中心消费者光顾量、收入、距离等指标，可以用来判断模拟是否达到均衡状态。图中的世界显示了在某套参数下的模拟结果，呈现的商业中心体系结构非常接近中心地理论的经典六边形结构（图 6–5），证明了中心地理论以及本模型的有效性。然而，能形成典型中心地结构的参数组合仅限于很小的区间，甚至在同一套参数下的每次模拟也会产生不尽相同的结构，这说明中心地的形态具有偶然性，存在多种可能的均衡结构。

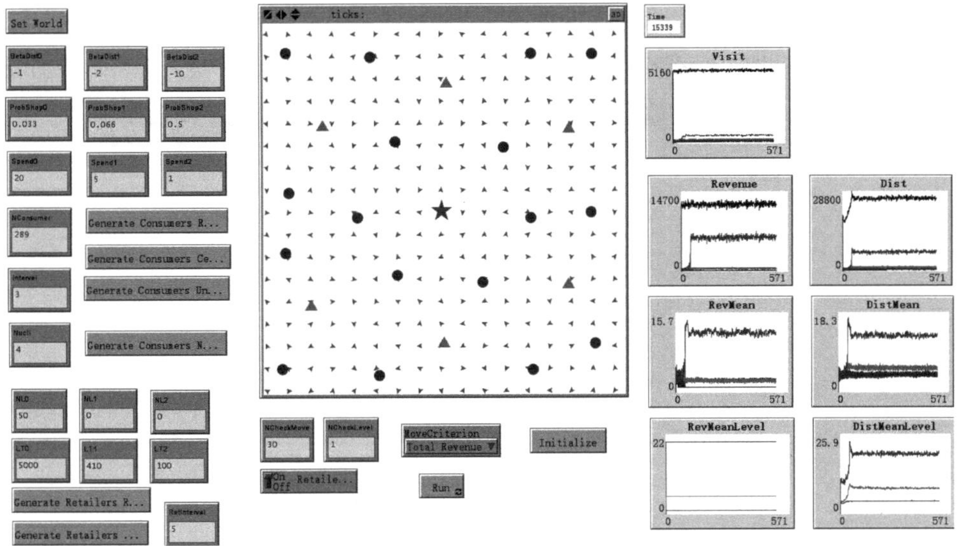

图 6-4　模型界面

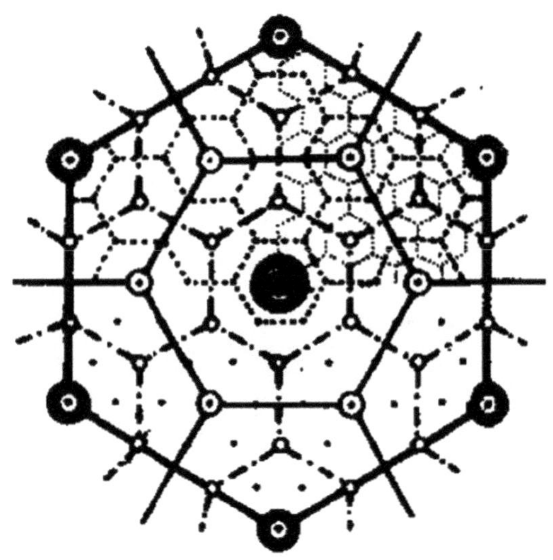

图 6-5　经典的六边形中心地结构

6.2.4　多情景比较

土地使用是影响零售业空间结构的主要因素，其中又以居住用地布局最为重要。作为对本模拟系统的一种检验，这里例举五种不同类型的空间情景（图 6-6），也就是消费者的空间布局，用来考察对应的商业中心结构。图 6-6（a）是均匀分布的情景，这也是中心地理论的基本假定，其中的每个点代表一个消费者，共有 289 个。这个数字在以下所有的情景中都是相同的。图 6-6（b）是单中心式的空间情景。可以看到三个圈层，中心的密度最高，第二圈层的密度大约是中心的 1/3，最外圈层密度最低，大约是中心的 1/10。图 6-6（c）代表卫星城式的空间情景，由一个高密度的中心城区（下方）和一个与其脱离的低密度卫星城（上方）构成。图 6-6（d）为分散组团式的情景，四个密度相同的居住组团相互脱离。图 6-6（e）是一个带形组团分布的空间情景，四个组团略有重叠，可以明显地看到一条竖直的空间轴线。

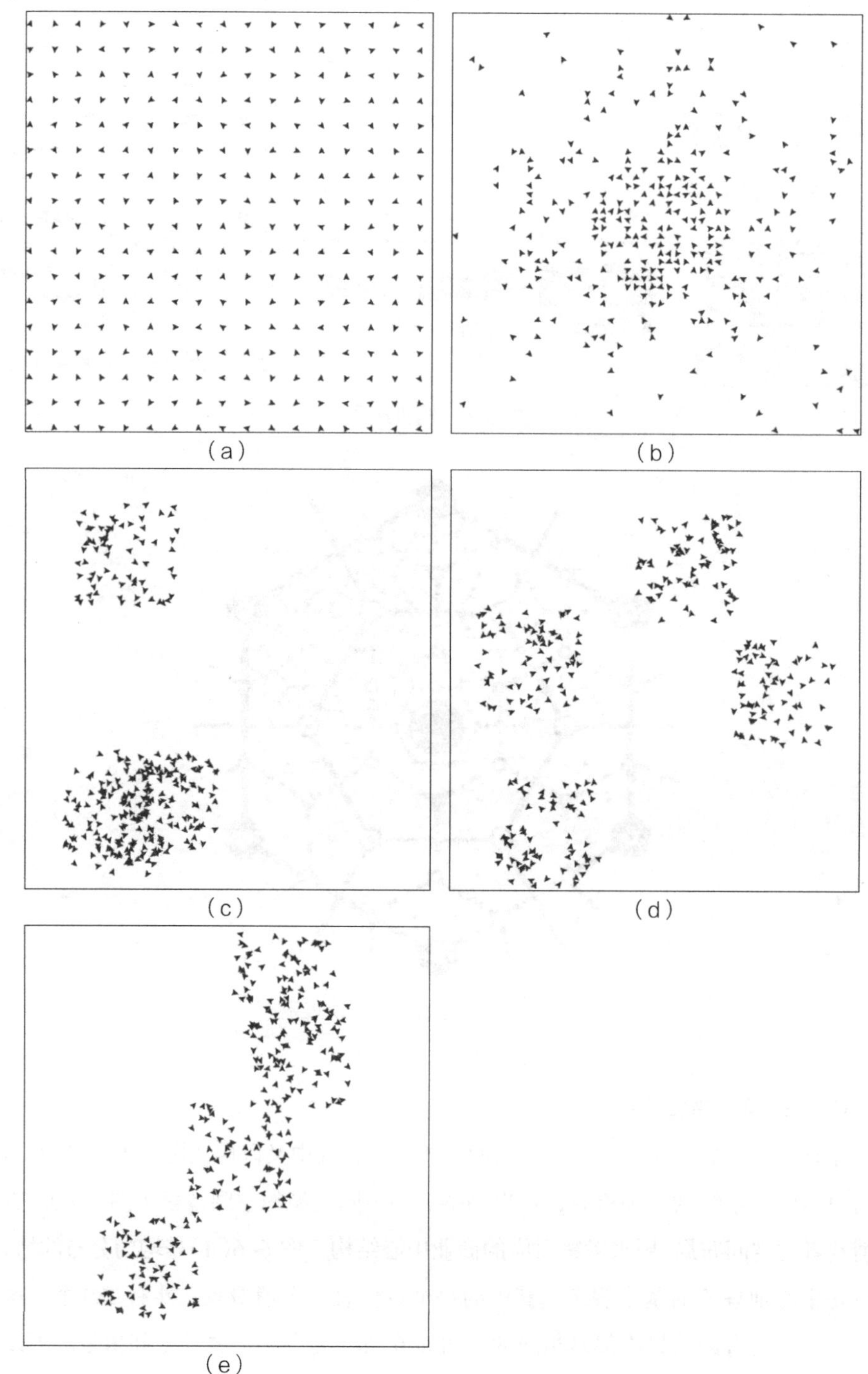

图 6-6　模拟空间情景

（a）均匀分布；（b）单中心；（c）卫星城；（d）分散组团；（e）带形组团

模拟在每个情景下进行若干次，发现最终的商业中心布局都非常接近，说明模拟系统是稳定的，模拟结果是可靠的。图 6-7 显示了不同消费者分布情景下的商业中心空间结构。

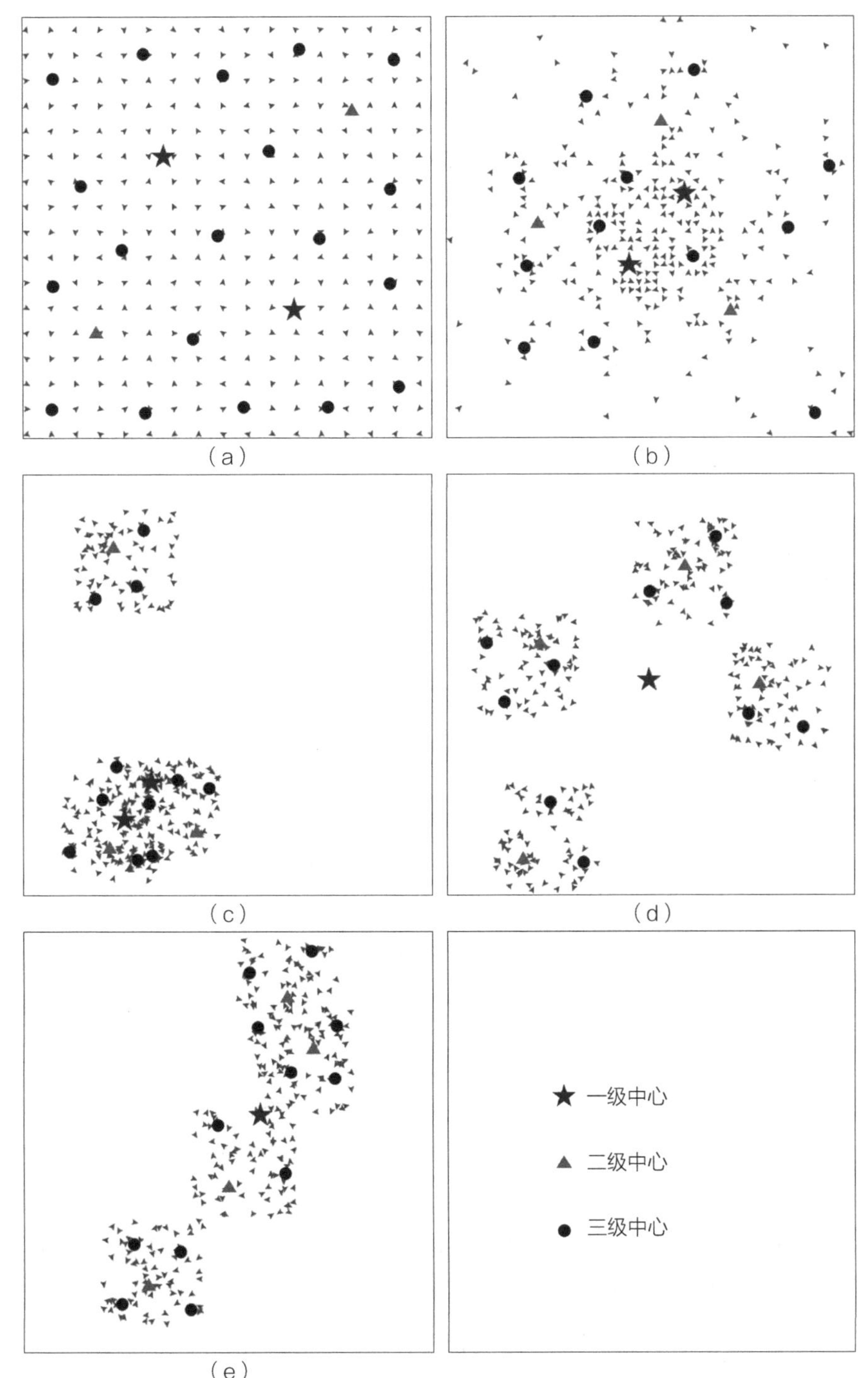

图 6-7 模拟商业中心空间结构

(a) 均匀分布；(b) 单中心；(c) 卫星城；(d) 分散组团；(e) 带形组团

在消费者均匀分布的情景下，商业中心也呈现均匀布局（图 6–7（a））。这样，同一等级的中心都有差不多大小的市场空间范围，这与中心地理论所推导的均质人口分布下的中心地布局是吻合的。从图中也可以大致地看出六边形布局形态，每个一级或二级中心的周边都有六个左右的三级中心围绕，部分体现了 k=3 市场原则下的中心地布局。这个空间情景支持一级中心 2 个，二级中心 2 个，三级中心 19 个。从职能来看，二级职能中心一共 4 个（一级中心加上二级中心）。这四个中心构成一个菱形，一级中心间的距离较短，二级中心间的距离较长。这里反映了距离摩擦系数的作用。因为二级中心的距离摩擦系数较大，中心要相对接近消费者；一级中心距离摩擦系数较小，可以相对远离消费者。可以设想，当一级中心的距离摩擦系数为 0，这两个中心就会重叠在空间的中心，因为它们对四个方向的消费者吸引力是相同的，中心位置使各方向收入平衡。

因为单中心情景分布略有随机性（图 6–7（b）），商业中心布局并不如均质情景下那样均匀，但也呈现出规律性。2 个一级中心分布在高密度圈层边缘附近；3 个二级中心分布在中密度圈层附近，与一级中心共同构成比较均衡的二级职能中心体系；12 个三级中心或分散在低密度圈层，或穿插在高级中心的空隙，同样构成一个比较均衡的三级职能服务体系。这种商业中心职能从由内向外逐步递减的布局结构在单中心城市很常见。

卫星城情景模式下所形成的商业中心结构如图 6–7（c）所示。由于中心城区的密度很高，所以吸引了大多数的商业中心为其服务，这 2 个一级中心、2 个二级中心、8 个三级中心的布局显得不那么有秩序，因为消费者的分布就不均匀。在郊区卫星城形成了一个独立的商业中心体系，由 1 个二级中心和 3 个三级中心构成。因为需求量小，那里没有一级中心。在这样的结构下，二级和三级中心的服务范围都是地方性的，唯有一级中心辐射到卫星城。这也是卫星城模式下城市商业体系的典型结构。

分散的组团式情景造成分散组团式的商业中心结构（图 6–7（d））。每个组团都有一个二级中心和 2~3 个三级中心。最有意思的就是一级中心位于四个组团的中间，这是合乎道理的，因为中间位置的可达性最高。实际生活中高级商业中心孤零零地坐落于郊区的情况不多，因为商业中心一般是在已有聚落基础上发展起来的。但也并非没有在城市以外选址的情况，在北美尤为多见。有些区域性购物中心就是这样选址，周边没有任何居住功能，消费者从周边城市或乡村驾车前往中心购物娱乐。所以，这个模拟反映的是在交通和用地条件制约很小的情况下的商业中心布局结构。

组团式的商业结构同样在带形组团式情景中得到体现（图 6–7（e））。每个组团拥有一个二级中心和若干三级中心。当组团比较接近时，就可以共享中心的服务。最上面两个组团共有 6 个三级中心；而最下面那个相对偏远的组团就需要 4 个三级中心。整个场景支持 1 个一级中心，坐落在相对于各组团的中心位置，与二级中心一起构成一条商业中心走廊。

最后来比较一下这五个不同结构的商业中心体系的服务绩效（表 6–1）。在一个 t_M 周期内，所有商业中心的收入总和在五种商业空间结构下都很接近，微小的差距仅仅是由于模拟中的随机过程造成的。这是因为模拟将服务需求的产生设定为一个刚性的随机机制，长时间内的总量是稳定的。这个机制是独立的，并不随着商业中心的数量或布局而变化，也就是说无论如何消费者都会花这些钱，因此消费额总量也是刚性的。然而总的消费者出行距离就随居住空间结构的不同呈现较大差别。均匀分布情景下的出行距离最大，因为消费者分布最为分散；同时商业中心的数量也最多，主要是依托大量三级中心提供地方性服务，因此各中心的平均收入最少。从这几方面来看，均匀人口布局下的商业中心体系的效率是最低的。当消费者以单中心的方式聚集，出行距离就减少很多，中心数量同时下降。出行距离最少的是卫星城情景，因为中心城区的人口高度密集，除了从卫星城到中心城区的一级购物出行以外，大多数的出行都就近满足。组团型情景的密度比卫星城低，比单中心高，因此出行距离也介于两者之间。其中带形组团的出行距离比分散组团的要低，因为消费者分布更为紧凑。

各商业中心体系的绩效　　表 6–1

空间情景	收入	出行距离	一级中心	二级中心	三级中心	中心总数
均匀分布	12500	27600	2	2	19	23
单中心	12600	22200	2	3	12	17
卫星城	12500	13000	2	3	11	16
分散组团	12500	18000	1	4	10	15
带形组团	12400	15800	1	4	12	16

6.3 小结

对于那些在现实城市环境中难以验证和应用的相关理论，多代理人模拟可以起到一定的作用。本例展示了用 NetLogo 验证中心地理论的实现方法，根据中心地理论的基本概念构建供应商和消费者两类主体，并定义他们的行为和交互；动态地模拟商业中心体系的演化过程直至达到均衡，并在不同的消费者空间分布结构下进行比较。尽管采用行为规则和空间环境都很简单，但模拟结果能够很好地符合中心地理论的预期以及现实的经验，说明该模型抓住了零售业布局机制的核心，有潜力进一步开发成为更真实的模拟系统，作为一个研究和规划商业中心布局的方法和工具，通过加入土地使用限制、交通条件限制、更加多样的人口布局和社会经济属性，使该系统更加真实丰满。

[illegible]

6.3 小结

[illegible]

7

作为模型验证的工具——基于 NetLogo 的商业街消费者行为模型验证

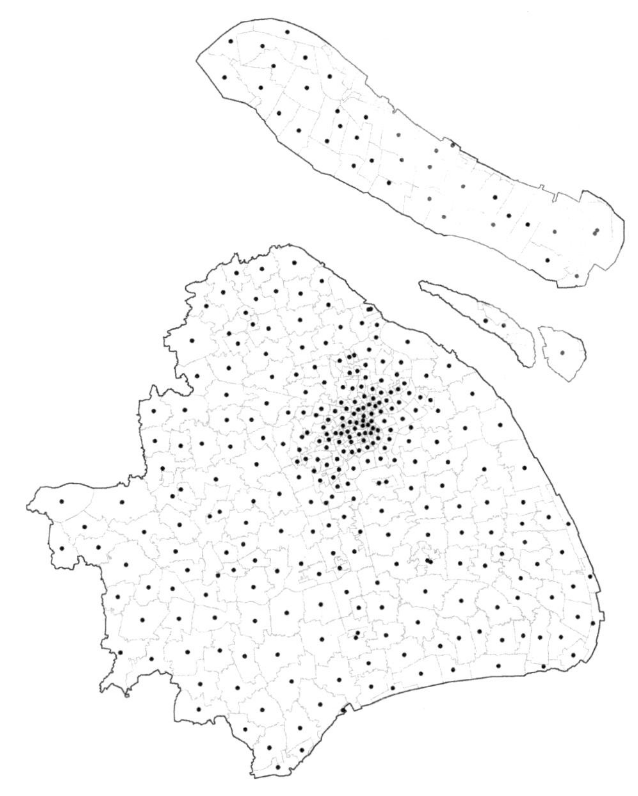

由于现实世界的复杂性，掌握一个复杂系统的运行规律往往需要将该系统分解成为更容易理解和把控的子系统，进而建立相应的子模型。因此，这些子模型尽管在各自的情境内得以成立，但它们整合而成的模型系统能够在多大程度上符合现实的复杂系统？要验证这种模型，模拟是一种比较高效的手段。本章示例用 NetLogo 模拟商业街消费者的行为，这些行为的模型来自于对商业街消费者的实证研究。通过比较模拟的消费者行为和实际的消费者行为来验证该模型体系的有效性。

7.1 背景

消费者与商业空间的互动是一个复杂的过程，用数理模型定量化地研究消费者行为和决策，成为商业街消费者行为研究中较为可行和常用的方法。在国外，用模型方法研究商业街中消费者行为始于 1970 年代。早期的研究借鉴了交通研究中常用的空间相互作用 / 重力模型，如斯科特（Scott，1974）和荻岛等（Hagishima et al.，1987）应用重力模型解释商业街区各条街道中的人流量与商店数量、街道环境等因素间的关系。伯格斯和梯姆曼斯（Borgers & Timmermans，1986a，1986b）在重力模型的基础上加入了马尔科夫链（Markov Chain）方法，实现了对消费者行为动态的把握。但是自从 70 年代末解释个人决策机制的随机效用理论（Random Utility Theory）和相应的离散选择模型（Discrete Choice Models）被提出以后，这些模型已经基本上取代了重力模型，成为研究消费者行为的主流模型方法。齐藤和石桥（Saito & Ishibashi，1992）用多项逻辑特模型（Multinomial Logit

Model，离散选择模型的一种）结合马尔科夫链实现了对商业街各地块中消费者人数的预测。伯格斯和梯姆曼斯（Borgers & Timmermans，2004，2005）应用多项逻辑特模型解释消费者选择街道的概率，并进一步纳入了人们的活动历史作为内生变量，增强了模型概括真实行为的能力。朱玮等（Zhu et al.，2006）首次在多项逻辑特模型的效用函数中引入的时间因素，发现了消费者选择商店行为随时间的规则性变化。

国内学者使用模型方法研究商业街消费者行为开展得较晚且数量有限。曹嵘和白光润（2003）以上海徐汇区某商业地段为对象，对零售业面积和街道人流量作了相关性分析，以此探讨了零售业布局的优势微观区位。王德等（2003，2004，2007）对上海南京东路和北京王府井大街消费者的特征和空间行为作了基本分析，并进行了比较（Zhu et al.，2007）。在此基础上，朱玮等（2005，2006）进一步用离散选择模型建立起消费者选择地块的概率和空间要素的关系。运用这些模型，朱玮和王德（2008）分析了南京东路消费者的移动轨迹，依此讨论了南京东路商业空间中的潜在问题。

消费者行为模型为定量地预测分析商业空间变化后的消费者行为以及相应的商业街绩效变化，提供了基础。但是，将抽象的模型转化为操作性较好的预测工具仍需适当的技术。大约从 1990 年代开始，多代理人系统得到不断地完善，并已经成为行为模拟研究的一大热点。将消费者行为模型与多代理人系统相结合是消费者行为模拟的有效手段。戴克斯特等（Dijkstra et al.，2001；Dijkstra & Timmermans，2002）开发了模拟商业环境中消费者行为的 AMANDA 系统。该系统借鉴了元胞自动机（Cellular Automata）方法，将代理人（消费者）置于栅格空间内，代理人在模拟商业空间中的活动取决于一系列模型。首先，代理人可据有活动计划，用于模拟根据计划安排活动的消费者行为。代理人被赋予感知范围，模拟有空间限制的消费者对环境的感受。当某个商店被代理人感知时，系统根据偏好模型模拟消费者光顾商店的决策。由哈克雷等（Haklay et al.，2001）开发的 STREETS 系统有更完整的模拟层面。他们首先在宏观层面用城市人口数据和地理信息推算在某商业中心内活动的消费者人数。然后在中商业街观层面，模拟具有给定计划的代理人的活动路径。在代理人沿着路径行进的过程中，他们能够在微观模型的控制下，选择空间目标或避让障碍物和其他代理人。类似 Legion 等商业模拟软件也已经在大量消费者行为数据的支撑下获得一定的成功（Berrou et al.，2005）。

以下以上海南京东路商业街为例，介绍用多代理人模拟来验证消费者行为模型的方法和框架。该模拟系统中使用了与即有消费者行为模拟系统中不同的行为模型，称为有限理性模型（Bounded Rationality Model），但这些模型不在本章的讨论范围内（可参阅 Zhu & Timmermans，2008，2010a，2001b）。

7.2 模拟平台

7.2.1 系统建构

本模拟平台由四个主要部分组成：(1) 全局变量；(2) 海龟，表达能够做决策并移动的消费者个体，每个消费者有 5 种需求：回家（结束购物）、选择方向、休息、光顾商店、原地停留，系统根据消费者的需求模拟其下一步的决策和行为；(3) 栅格空间，表达物理环境，由表达实际中 5×5 米的栅格组成；每个栅格属于 6 种类型中的一种（图 7-1）：① 地块，消费者无法活动的空间；② 街道，消费者的活动空间；③ 入口，消费者开始购物活动的出发点；④ 导向点，用来引导消费者的行进方向，一般设置在街道交叉口或者街道形状的急剧转折点；⑤ 休息点，用于供消费者休息；⑥ 商店，消费者的购物场所；(4) 操作界面，提供方便的控制和实时观察模拟环境变化的媒介（图 7-2）。

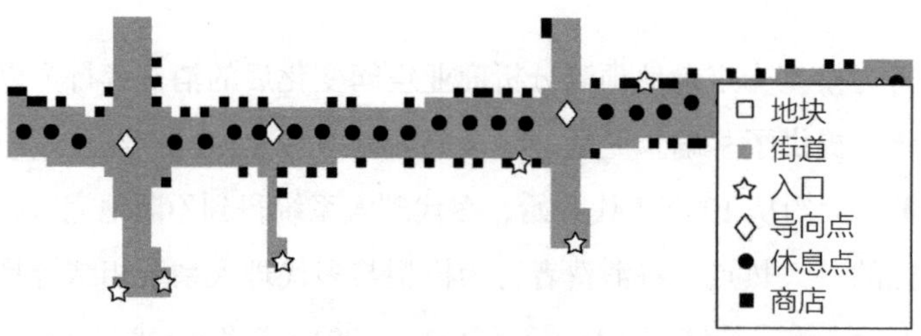

图 7-1 栅格空间举例

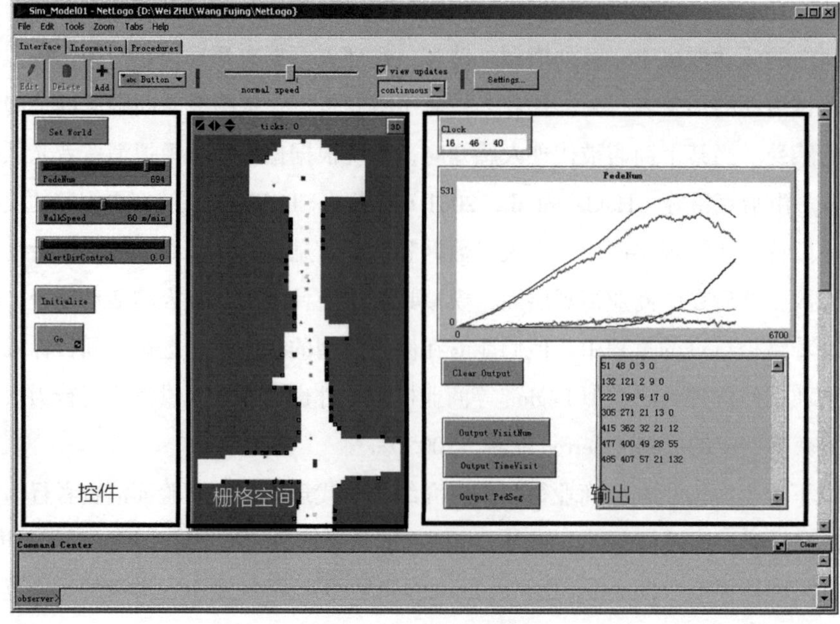

图 7-2 模拟平台界面

7.2.2 模拟流程

图 7–3 显示了模拟流程。对每个消费者的模拟开始于其从一个入口点进入商业街。该入口点的位置根据实际观察到的消费者开始活动的位置的分布随机抽取。类似，消费者开始活动的时间也根据实际观察到的消费者到达商业街的时间分布随机抽取。进入后，消费者所作的第一个决策就是选择行进方向 ①，如果有几个方向可供选择的话。被选的方向决定了消费者的活动空间，也就是说其他方向内的商店和休息点将被消费者忽略。消费者的行进方向立即指向所选方向内最近的导向点。

接着模拟休息行为。首先程序检查休息是否已经在消费者的***需求库***中。需求库用于放置消费者暂时不能满足的需求，如此来模拟现实中消费者因特定的原因无法满足某些需求而提升其他需求的优先级别的行为。在这个系统中，仅两种需求会进入需求库：休息和购物。这两种需求的优先级别会根据不同的行为结果互换。对于刚开始活动的消费者，休息不在需求库内，消费者需要决定是否休息 ②。如果消费者决定休息，那么将同休息已经在需求库中的情况一样，开始寻找休息点。

搜索休息点的空间限定于消费者的行进方向，并规定了 100 米的搜索范围。该范围可大致理解为模拟消费者的感知范围，也是为了提高模拟的效率，但该范围的大小对模拟结果的影响很小。模拟中，消费者搜索该范围内最近的休息点，如果存在，便将休息从需求列中删除并向该点移动。当消费者到达目标休息点后，系统根据活动延时模型 ③ 生成休息所需要的时间，消费者便在该点停留直至延时用尽。接着，消费者考虑是否回家 ④。如果决定回家，便结束对该消费者的模拟；如果决定继续购物，消费者重新开始选择方向。

在搜寻休息点的节点上，如果消费者没能在搜索范围内找到休息点，他就将休息置入需求库并赋予购物较高的优先级。只有当当前的行进方向中有商店的时候，消费者才开始寻找合适的商店光顾，否则他将重新选择新的方向。搜索合适商店的过程类似于搜索休息点，消费者从离他最近的商店开始，判断某商店是否满足其要求 ⑤。当发现合适的商店后，消费者便向其移动，到达后生成活动延时并停留相应时间。完成在商店的活动后考虑是否回家。如果在搜索范围内没有发现满意的商店，在需求库中有休息需求的情况下，休息的优先级将被提高。接着，消费者检查当前方向是否存在。如果存在，消费者将朝最近的导向点移动 20 步（经过大约 100 米的

---

① 方向选择基于方向选择模型，其中包括营业面积、步行街长度、地标等影响因素。

② 休息决策基于休息模型，用时间作为影响消费者决定休息的主要因素。

③ 活动延时模型用来预测代理人实施各种活动的延时，包括休息、购物、餐饮、参观。影响因素包括商店营业面积、经营类型、当前时间等。

④ 回家决策基于回家模型，时间是主要的影响因素。

⑤ 判断商店是否满足要求基于商店光顾模型，主要影响因素包括商店面积和类型。

已经被搜索过的范围），然后在新的地点寻找休息点或商店（在无需休息的情况下）。如果当前方向不存在，则需要选择新的方向。

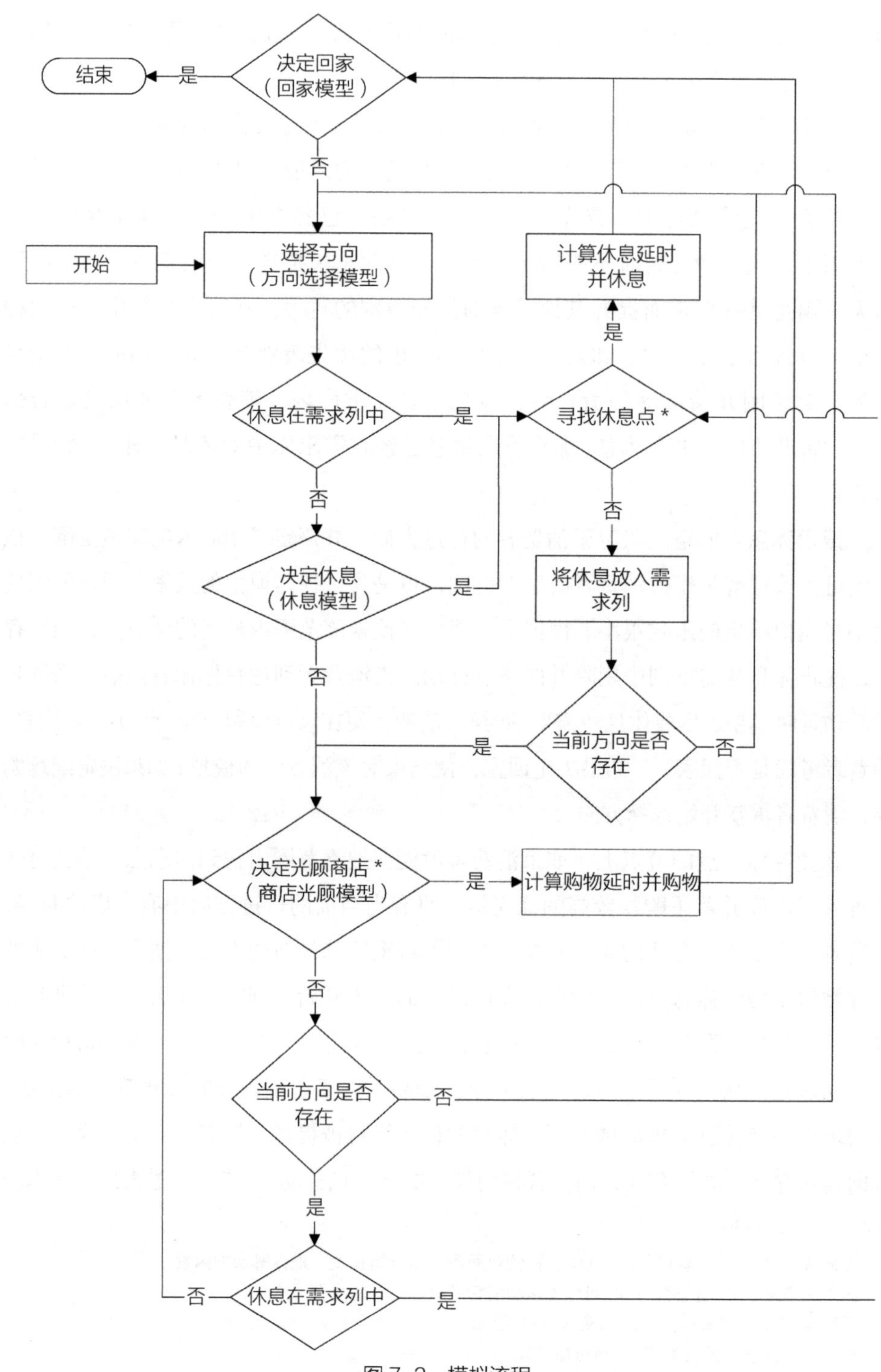

图 7-3　模拟流程

注：* 为消费者搜索行进方向 100 米范围内的商店或休息点

7.2.3 比较指标

为了验证该模型，从三个方面比较集合层面的模拟消费者行为和实际观察的消费者行为。比较集合行为主要因为它们是相关实践人员（如规划师、开发商、商业街管理部门）主要关心的绩效指标。这三项指标包括：①进行不同类型活动的消费者在不同时刻的数量分布。这些活动包括购物、休息、行走，综合起来就得到消费者总数。另外比较了已经回家的消费者的累计人数，用来检验回家模型。这些分布通过在模拟过程中，截取从 10：00—21：00 共 12 个整数时刻消费者的数量获得；②不同时刻在不同街道段中的消费者数量分布，用以反映商业空间的动态使用情况；③单个商店中的消费者光顾人次和总的光顾时耗，反映商店的吸引力。

7.3 数据

研究所采用的数据来自 2007 年对上海南京东路消费者的问卷调查。图 7-4 显示了调查的范围。南京东路基本呈东西走向，西侧始于西藏中路，东侧终于外滩，全长约 1600 米，其中从西藏中路至河南中路间为约 1000 米的步行街。来自同济大学城市规划系的 20 名学生在 5 月 19 日（周六）和 22 日（周二）两天内实施了调查，每天从 12：00 开始至 20：00 结束。他们随机地邀请步行街和外滩中的消费者参加调查。对于同意参加的消费者，调查员首先问询了他们的当前状态：刚开始活动、进行到一半、即将结束；然后记录他们的个人社会经济情况；最后根据消费者的回忆，顺序记录了他们从开始活动到当前状态间的活动过程，包括：入口位置、时间、每一个光顾过的商店、在店内的活动、时耗、活动所花费的金额、计划结束活动的时间和出口位置。调查最终收集了 811 份有效样本，其中 393 份（48.5%）于 19 日收集，418 份（51.5%）于 22 日收集。这个数据被用来拟合回家决策、方向选择决策、休息决策、商店光顾决策四个模型。

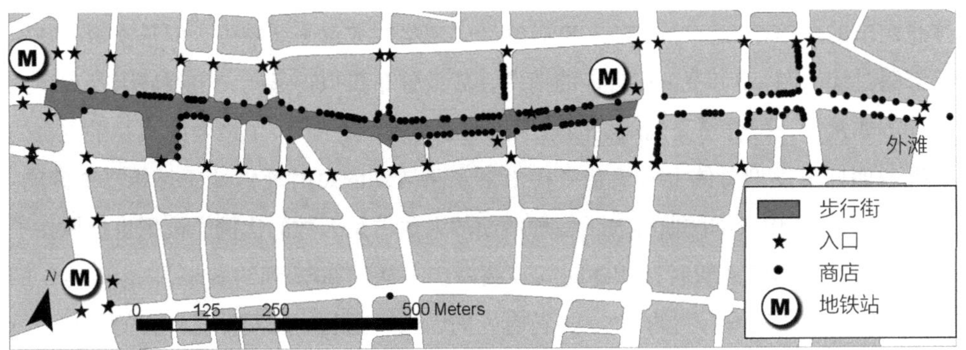

图 7-4 调查范围

7.4 模拟结果

7.4.1 模拟设定

为了便于模拟，对空间环境作了一些简化，去除了主要街道以外的次要街道，并视之为地块。这样，消费者仅在主要街道中活动，也符合实际中绝大多数消费者的活动空间特征。为了便于统计消费者活动的空间变化，调查范围又被划分为 12 个街道段（图 7–5）。步行街包含段 2~8；一些沿线商店超过 50m 的商业支路也被视作街道段，如段 3、7、9 和 11。模拟的消费者数为 236 人，这是为了与调查样本中具有完整活动过程（即将结束）的消费者数量保持一致，使结果有可比性。模拟进行了 20 次，比较指标取 20 次的平均值，以尽可能消除单次模拟中的随机效果。

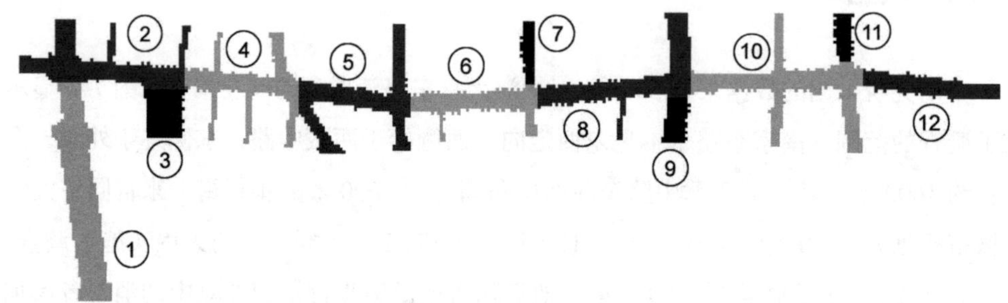

图 7–5　街道段的划分

7.4.2 结果比较

图 7–6 显示了从事不同活动类型的消费者的数量随时间的变化分布。每张图中的横轴均代表 12 个时刻，左侧纵轴代表人数，右侧纵轴代表各项活动人数占总人数的比例。图（a）中，模拟的消费者数量与观察的消费者数量非常吻合地在下午 15：00 左右呈单峰状分布。图（b）中在商店内活动的模拟消费者数量分布也非常接近实际观察量，几个明显的拐点都把握得比较准确。图（c）中正在休息的消费者数量分布较准确地估计了 12：00—15：00 间的急剧上升，体现了这段时间内消费者休息需求的快速增长。过了 15：00 高峰后，观察的数量平缓减少，但是模拟的数量下降得过快。图（d）中正在行走的消费者数量分布模拟得最差，主要原因是观察到的样本非常少，很容易受到随机因素干扰而不易预测。图（e）中两曲线几乎重合的状况说明回家模型总体上对消费者在南京东路活动的总时耗估计还是相当准确的。图（b）~（d）中较细的曲线表示各种活动的人数占总人数的比例。模拟也把握住了大的趋势：购物的消费者比例随时间连续减少（从约 90% 到约 60%），相应休息的人数持续增加（从没有到约 40%），符合人们因长时间购物需要补充体力的行为；行走的人数比例是最少的。

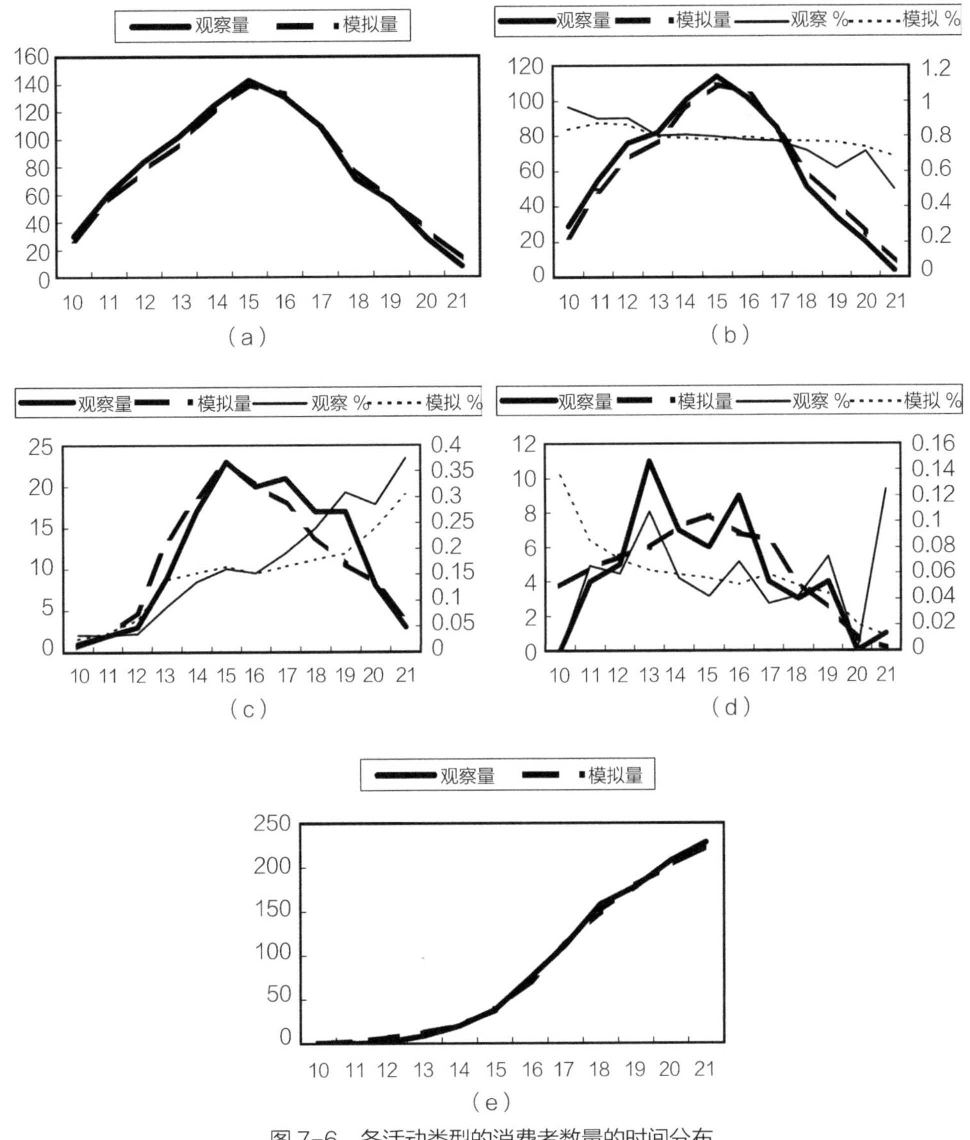

图 7-6　各活动类型的消费者数量的时间分布
(a) 总体；(b) 商店；(c) 休息；(d) 行走；(e) 回家

各街道段中消费者人数的时间分布（图 7-7）也总体上模拟得较好，虽然出现了比活动类型模拟中更多的估计偏差。在观察人数很少的街道段中，如段 1、3、7、9、11，模拟的结果由于样本量有限而相对随机扰动较大的原因显得比较差，因而没有被包括在图中。对段 2、4、8，这三条街道段的模拟相对较好；对段 5 和 6 的模拟较观察量偏少，主要是因为商店光顾模型没能突出若干具有特殊声誉的商店的吸引力（如置地广场、第一医药商店），这样就增加了消费者仅仅路过这些段而不停留的可能性。在非步行街，由于观察到的消费者数量比步行街中少一半多，因此模拟显得更不稳定，段 10 内的人数基本被高估，段 12 内的人数基本被低估。

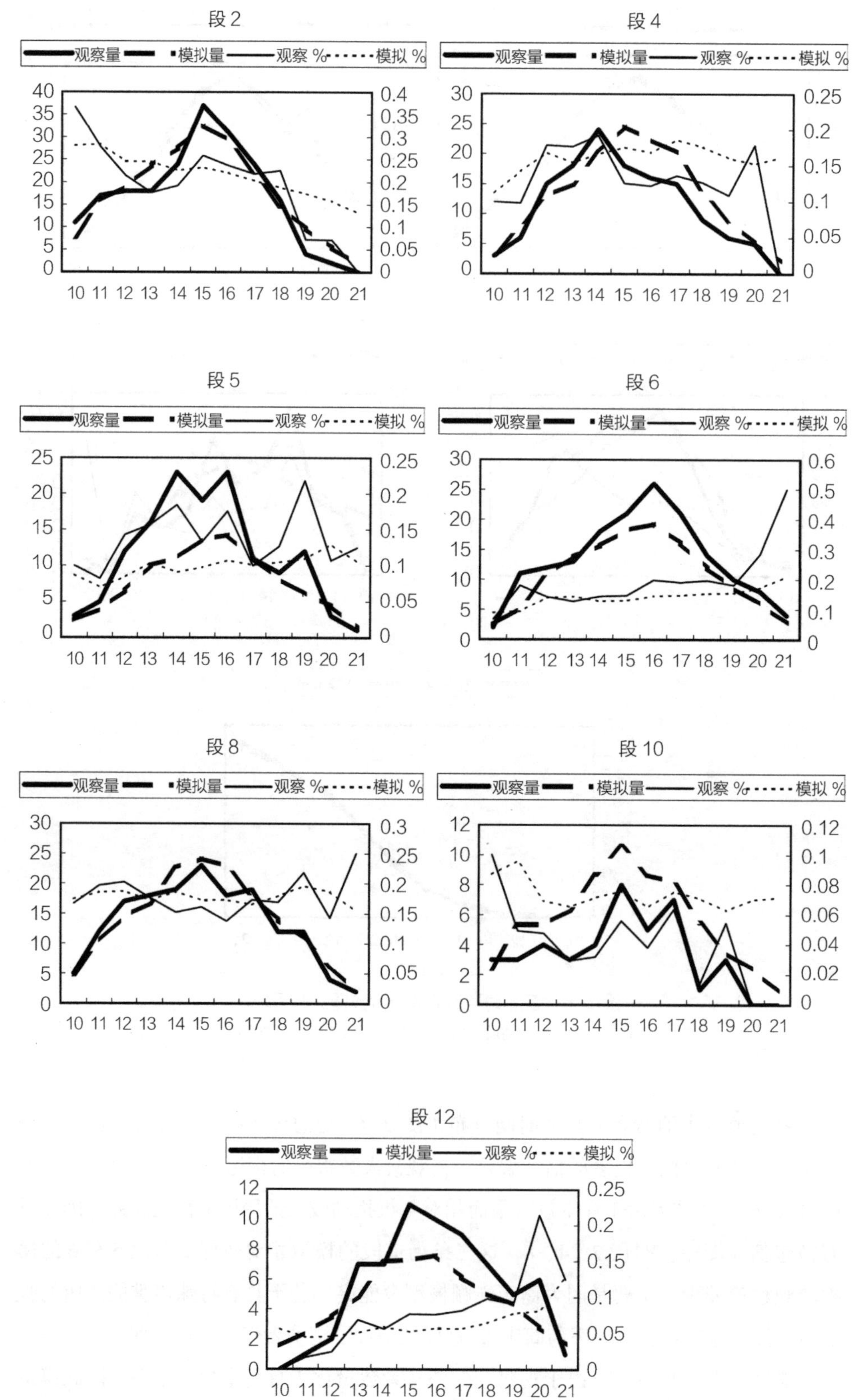

图 7-7　各街道段中的消费者数量的时间分布

最后通过两张散点图比较单个商店的吸引力（图 7-8）。图（a）中模拟的商店中的消费者数量反映了实际的趋势，较为规则地分布在等值线的两侧。但是仍存在一定量的估计偏差，说明商店光顾模型的预测能力还不够完善。一方面消费者的行为复杂性因人而异；另一方面研究中仅考虑了营业面积和商店类型两个因素，其他因素如商店声誉、经营策略、橱窗摆设、购物环境等都对消费者的行为有一定影响，但鉴于研究的目的和复杂程度的限制未予考虑。总体上，观察到的消费者光顾商店的活动总数为 655 人次，模拟的数量为 682 人次，仅超过观察人次的 4.1%。商店内的总时耗是对所有光顾某商店的消费者所花时耗的总和。图（b）显示模拟相对图（a）较好，但仍对两家较大的商店（图中最右侧）估计不足。模拟得店内总时耗为 46019 分钟，相对于观察到的 44083 分钟，也只超过约 4.4%。模拟的平均每人每次的店内时耗为 67.5 分钟，非常接近观察的 67.3 分钟。

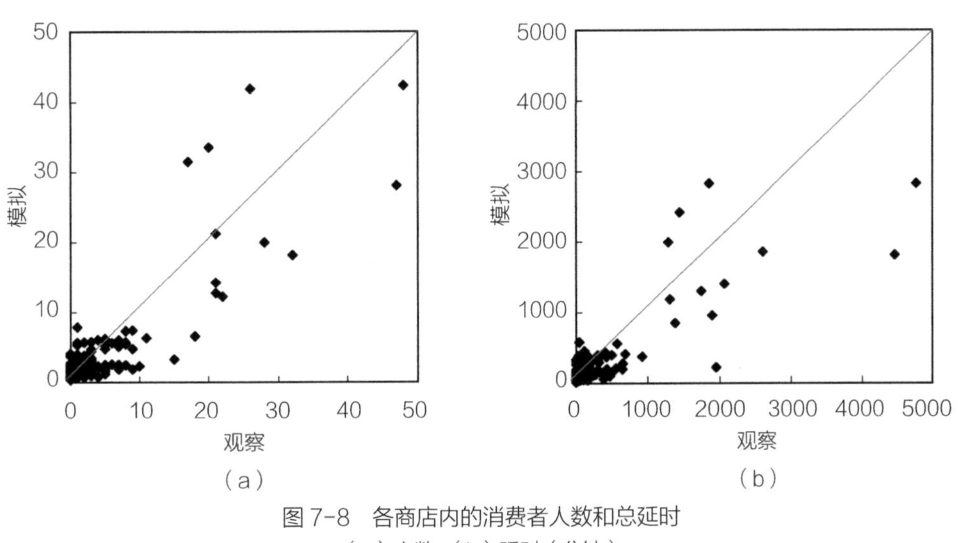

图 7-8 各商店内的消费者人数和总延时

（a）人数；（b）延时（分钟）

7.5 小结

本例展示了如何将分散获得的消费者行为子模型整合成为 NetLogo 模拟模型，以验证模型有效性的方法框架。尽管对消费者行为模型本身的研究还有待完善，模拟的结果已经显示出该框架能够较好地把握消费者活动在时间和空间中的总体数量级和趋势，体现了其被深入开发和在规划中应用的潜力。相对而言，对非空间行为的模拟要好于空间行为的模拟。主要原因是空间行为决策比较复杂，涉及多种客观因素，而且也更容易受到消费者个人决策偏好的影响。因此有必要进一步加强对消费者空间行为和决策的研究。

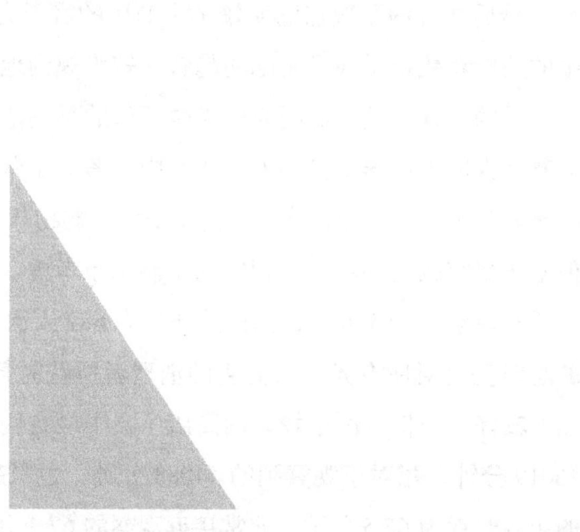

8

作为情景预估的工具——基于 NetLogo 的上海市域零售业中心体系展望

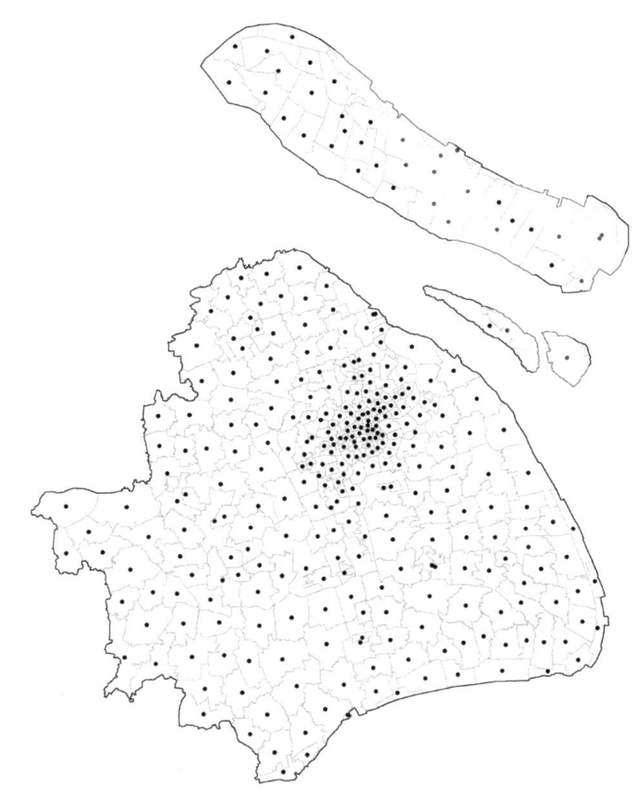

模拟的一个很自然就能想到的功能就是回答“What–if”，即情景预估，通过改变模拟的边界条件来预测相应的未来状态，可以为规划编制、政策制定提供参考。本例在第6章中心地模拟模型的基础上，对2000年上海市域零售业中心体系进行实证，检验模拟系统对实际、大规模零售业中心体系的解释和再现能力，并获得关键模型参数。在此基础上，推演上海未来可能情景下的零售业中心体系。

8.1 背景

长期以来，疏解中心城区人口、发展郊区和新城是上海市域空间结构调整的主要任务，市域的零售业空间也相应重构。2012年上海市8个郊区（县）的零售总额增长幅度显著高于市区增长水平；再以近年来零售业发展的主要业态——购物中心为例，2001—2010年间郊区购物中心数量增长迅速，近5年来年均增加10个；而2011—2012年新开业的购物中心有将近一半为社区型或城郊型购物中心（宣颖颖，2013）。上海零售业的增速发展需要商业空间规划的支撑与引领。

《上海市商业网点布局规划纲要（2009—2020年）》（上海市城市规划设计研究院，2009）（以下简称商业规划纲要）规划在中心城区形成“市级、地区级、社区级”三级商业中心体系；在郊区形成“新城、新市镇、中心村”三级商业网点体系。本研究从基于个体行为模拟的方法出发，推演上海市域的零售业中心体系，作为对传统的规划方法以及对以上规划内容的补充。

我国对于城市商业体系结构的研究一直主要是地理学的传统（宁越敏，1984，

2005;仵宗卿,柴彦威,2000;仵宗卿等,2003),商业设施规划方法与其一脉相承(朱枫,宋小冬,2003;李文成,2005;许莉,2008;朱华华 等,2008;侯海荣,2009;严慧慧,2010),主要通过商圈(服务区)分析,或者应用 GIS 技术与人口数据进行叠加等方法,从宏观上来优化商业设施的布局。但因为这种方法反映实际复杂机制的能力有限,限制了其应用价值。同时,个人消费行为研究从自下而上的角度完善了城市商业体系形成的机制理论(王德,张晋庆,2001;沈洁,柴彦威,2006;张文忠,李业锦,2006;柴彦威等,2008;王德 等,2011),揭示了个人行为偏好与商业设施规模布局的关联。然而这些研究尚未对商业空间规划方法产生实质影响。个体行为模拟方法的优势在于:①自下而上的视角更加贴近商业中心体系形成的本质过程。经典的中心地理论揭示,中心地(如商业中心)的形成,是消费者和供应商在时空中协调的结果;②不拘泥于以城乡空间类型为基础的等级体系,从消费者需求和消费行为特征来对应商业空间的类型和特征,使得商业空间体系更加灵活丰富;③更加明确地纳入多种影响要素,如:人口布局、需求水平、交通条件等,更有效地把握商业空间规划的复杂性;④量化商业中心体系的绩效,为优化规划方案提供依据。

8.2 模拟平台

模拟的平台采用第 6 章中用来验证中心地理论的模型。模拟的结果类似图 8-1,其中的小箭头代表消费者,五角星代表一级中心(等级最高),三角形代表二级中心(等级居中),圆形代表三级中心(等级最低),线条代表商圈范围(此处为中心光顾量前 75% 的消费者)。可见一级中心的数量最少,商圈范围最大;二级中心的数量和商圈范围中等;三级中心的数量最多,商圈最小。

然而该模拟采用的参数多是主观设定的,而要对现实中的商业中心体系进行预估,所使用的参数必须具有更坚实的实证基础。

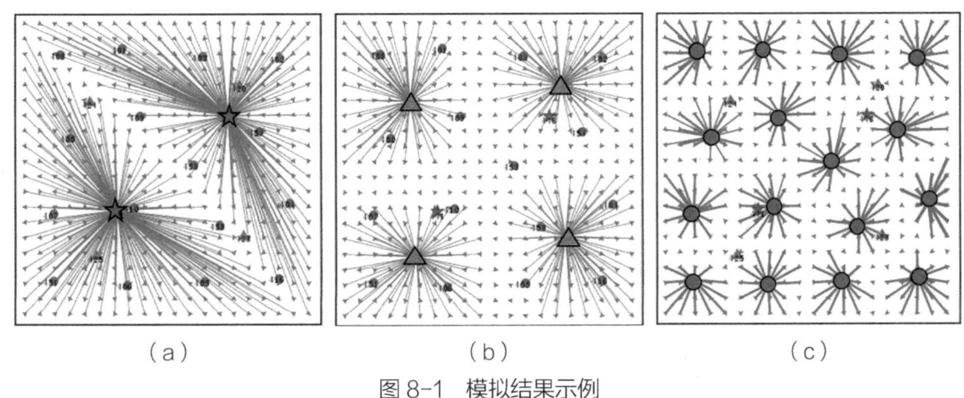

(a)　　(b)　　(c)

图 8-1　模拟结果示例

(a)一级中心;(b)二级中心;(c)三级中心

8.3 上海市域零售业中心体系的实证

8.3.1 数据

应用本模拟系统对上海市域零售业中心体系的实证研究为了达到两个目的，一是对系统的实际可用性进行检验，二是获得关键的模拟参数，作为下一步推演的基础。采用两个数据集：一是 2000 年第五次全国人口普查数据，提取了上海市域各街道的人口，图 8–2 中的每个点代表所在街道的人口总和。二是 2001 年全国基本单位综合调查数据，包括所有注册的零售业单位。通过将每个零售单位的地址在 ArcGIS 地图中定位，然后生成上海市域零售业的密度分布图（图 8–3），颜色越深说明密度越高。之所以采用这两个数据集，是因为在可获得的数据源中，这两个的时间最接近。根据图 8–3 并以通常的认识作修正，辨识出市域零售业中心，为简化起见，仅包含两个等级（图 8–4）：4 个一级中心（相当于市级），分别为南京东路、南京西路、淮海路、徐家汇；41 个二级中心（相当于地区级、新城级，和略低于这两种形态的中心），其中 25 个位于中心城区（外环线内），16 个位于郊区（外环线外）。

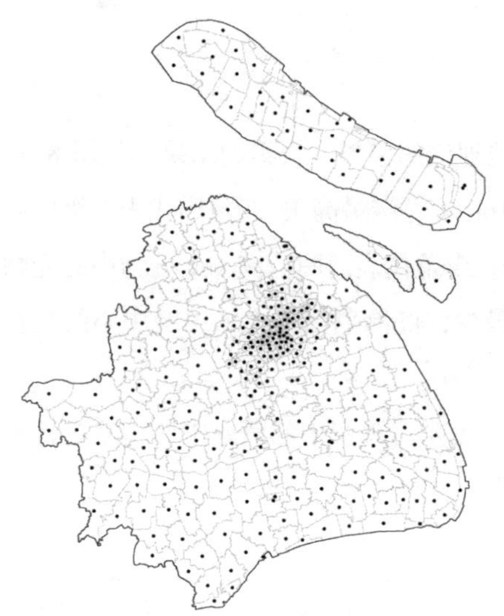

图 8–2　2000 年以街道为单位的上海市域人口分布

图 8–3　2001 年上海市域零售业密度分布

8.3.2 系统拟合

拟合的目的是得到模型参数，以使得模拟的零售业中心体系分布尽量接近实际的分布。两类参数需要估计，即决定零售中心空间位置的距离参数和决定中心数量的收入阈值（概念及原理参见第 6 章）。估计的方法类似参数空间（第 5 章），取不同的这两个参数值的组合分别进行模拟，最终选择使得商业中心的数量和位置最为接近的那套参数。根据实际的消费者行为事前确定的参数包括消费的频率和花费（表 8-1），其中花费的取值无需量纲，仅需保证两个等级的相对数量关系与实际接近，在此即一级中心花费：二级中心花费 =10 ： 6。

模拟的参数及结果　表 8-1

		一级中心	二级中心
设定的参数	消费频率	F_1=3%	F_2=29%
	花费	S_1=10	S_2=6
估计的参数	收入阈值	L_1=3000	L_2=1500
	距离参数	β_1=−1.2	β_2=−2.5
实际的中心体系	中心城区	4	25
	郊区	0	16
模拟的中心体系	中心城区	4	28
	郊区	0	14

模拟的 2000 年上海市域零售业中心体系如图 8-4 所示，共有 4 个一级中心和 42 个二级中心。对于二级中心，14 个位于郊区，略少于实际，其中 10 个二级中心的位置与实际非常接近。位于中心城区的二级中心有 28 个，略多于实际，其分布与实际的匹配程度不如郊区，主要是由于中心城区的人口分布均质性较高，中心分布

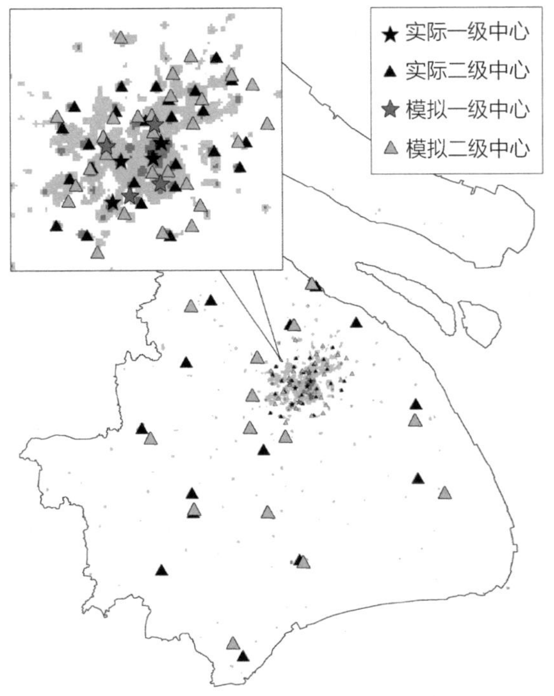

图 8-4　实际及模拟的 2000 年上海市域零售业中心体系

的可能性也更多。模拟的一级中心数量与实际的一致，但在分布上略显分散，这主要由两个原因导致：①实际的市级中心在历史的基础上发展，其位置不容易受城市结构变化的影响；②模拟尚未考虑不同人群的消费能力差异，一般中心城区人口的消费能力高于郊区，因此如果纳入该因素，模拟的一级中心将更加集聚以迎合中心城区的消费者。

总体上，该模拟系统可以较好地再现上海市域的零售业中心体系，尤其是对郊区的模拟相较中心城区更准确。

8.4 上海市域零售业中心体系的推演

以上述实证结果为基础，对未来可能情景下的上海市域零售业中心体系进行模拟推演。主要探讨两种情景，一是人口数量和布局的变化，二是网购对实体购物行为的影响。

8.4.1 人口分布变化的影响

推演的时间截面为2010年和2020年，因此比较2010年的推演结果与实际的情况也可作为对模拟系统的验证。

根据第六次全国人口普查数据，2010年上海市域人口规模为2303万人，人口密度为3631人/平方公里；中心城区人口密度为24137人/平方公里，比2000年有所下降。根据各区县控制性详细规划，2020年市域人口规模为2895万人，中心城区人口密度进一步降低，为20628人/平方公里。图8-5显示了三个年份的人口密度分布。模拟设定消费者的花费每个阶段提高30%，以反映人们生活水平和消费能力的提高。

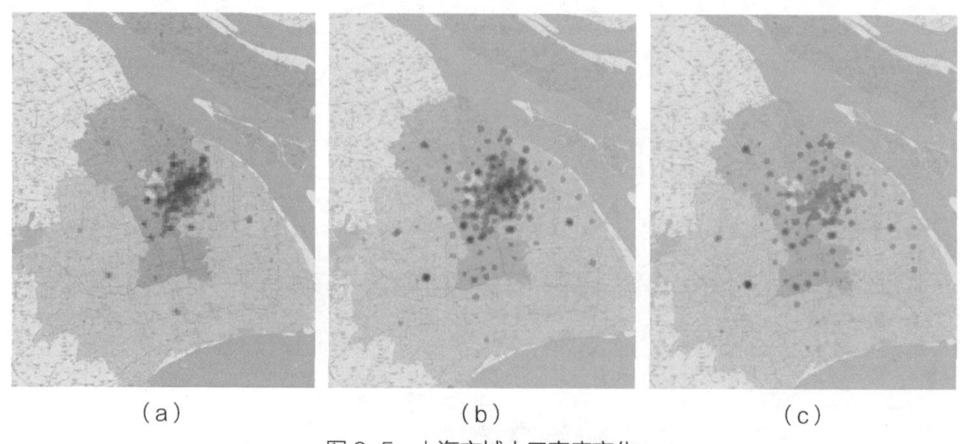

（a）　（b）　（c）

图8-5　上海市域人口密度变化
（a）2000年；（b）2010年；（c）2020年

模拟结果如图 8-6 所示。比较这三年，一级中心分别为 4 个、8 个和 14 个；二级中心分别为 42 个、55 个和 69 个。从中心的分布来看，2010 年一级中心分布在中心城区，2020 年有两个一级中心出现在郊区，位置接近老闵行和松江老城；二级中心主要在郊区增长，每十年大约增加 10 个，远快于中心城区的速度。比较人均出行距离，尽管人口布局趋向分散，但由于中心数量增加以及布局更加均等化，反而减少了人均购物出行距离。此处的距离数值无量纲，不对应实际距离，从相对关系看，2010 年的人均出行距离比 2000 年减少 9%；2020 年比 2010 年减少 10%。

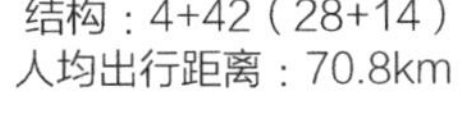

结构：4+42（28+14）
人均出行距离：70.8km

（a）

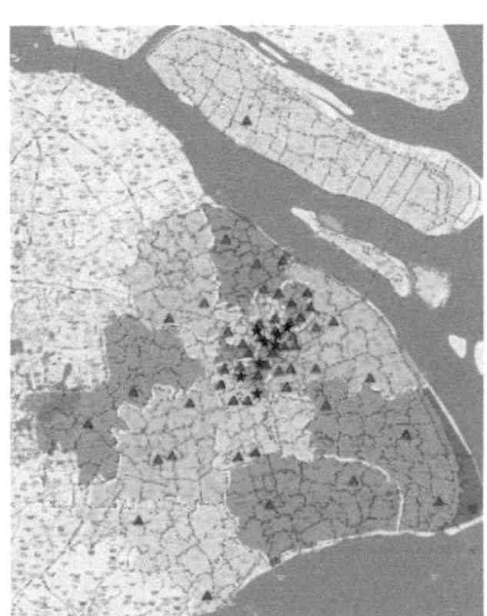

结构：8+55（30+25）
人均出行距离：64.4km

（b）

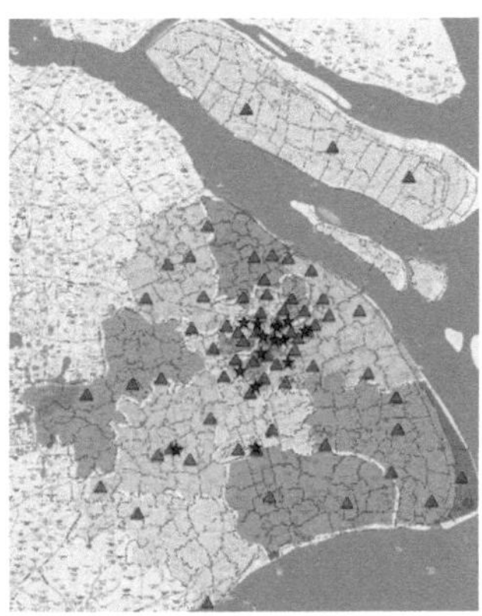

结构：14+69（34+35）
人均出行距离：58km

（c）

图 8-6　上海市域零售业中心体系模拟三年比较
（a）2000 年；（b）2010 年；（c）2020 年

进一步考察一级中心（图 8-7）。2010 年相较 2000 年新增的有：北外滩、上海火车站、漕河泾、上海南站。这与 2010 年的实际情况有出入，这四个地方当时并未形成公认的市级中心。2020 年新增的有：豫园、耀华路、大华、世纪大道、老闵行、松江老城。可见浦东的一级中心明显较浦西少，仅耀华路和世纪大道两处。虽然人口规模、单次消费额均增长，但愈加激烈的竞争导致各时期的中心平均收入有所下降（图中灰色色块表示下降趋势）。每一阶段收入最高的中心均为新增的中心：2010 年是北外滩，2020 年是世纪大道；同时，现有中心之间的收入差距缩小，这是因为原先的商业中心空白地区积蓄了大量的消费需求，但一直达不到新增中心的收入阈值，一旦超过阈值，新增中心成为该地区释放需求的集中地，挤压既有中心的商圈。

图 8-8 显示在 2020 年的情景下，各时间截面下的既有或新增中心的商圈。4 个在 2000 年已存在的一级中心的商圈扩展到整个市域范围，但其收入的下降以及在所有中心中排名居中，说明其商圈范围的扩大仅仅是由于消费者分布的扩散所致，并没有增强其经济实力。比较图 a 和图 b，发现 2000 年的 4 个既有中心和 2010 年的 4 新增中心商圈重合较大，可见这些地区消费者选择中心时并没有绝对的偏好，新增

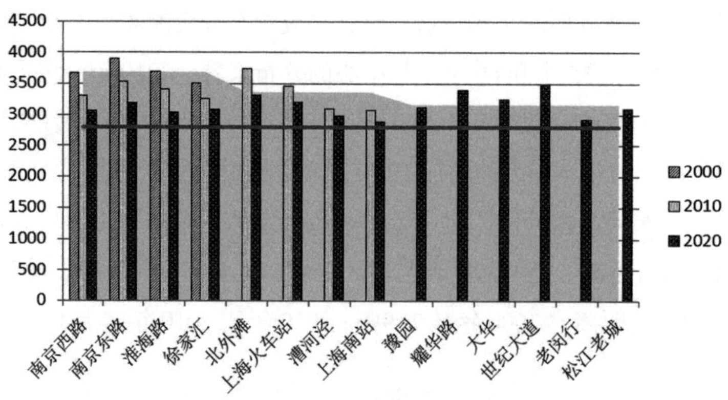

图 8-7　模拟一级中心的收入

注：收入数值无量纲，仅相对关系有意义

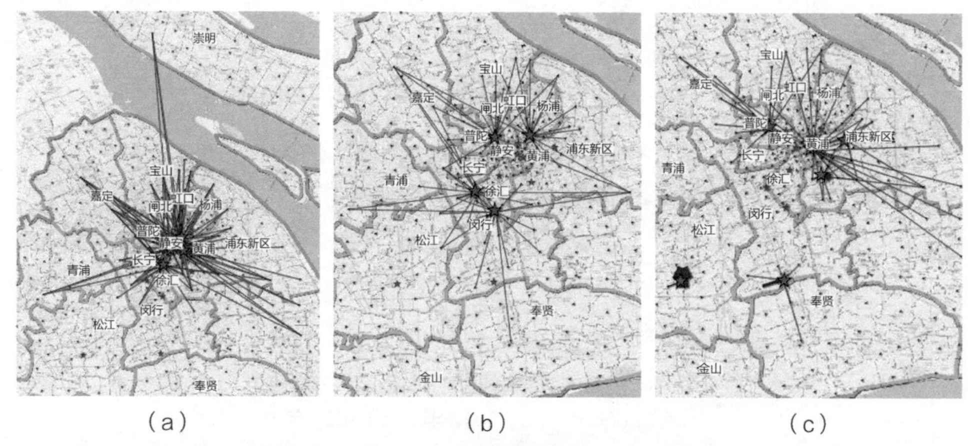

（a）　（b）　（c）

图 8-8　2020 年情景下各阶段新增中心的商圈

（a）2000 年既有中心；（b）2010 年新增中心；（c）2020 年新增中心

注：以中心客流量的前 30% 为显示的门槛值。图中连线的的宽度代表了来自各地消费者占前往该中心顾客总量的比例

中心与既有中心之间存在较大程度的竞争关系。不同的是，图 c 中松江老城和老闵行这两个一级中心的商圈范围虽然小，但是基本垄断了周边地区，因此它们与其他的中心不存在竞争关系。另外四个新增中心的商圈主要覆盖市域北部和浦东，与除了漕河泾、上海南站、老闵行、松江老城 4 个中心以外的其他的中心有较强的竞争关系。

8.4.2　网络购物的影响

在网购迅猛发展的趋势下，传统实体商业面临挑战。尽管实体商业正在调整策略加以应对，但网购对未来零售业中心体系的影响也十分有必要作为一种可能性来探讨。在此以 2020 年的情景为基础，加入网购作为影响要素。假设到 2020 年上海网民数量占市民总数的 75%（2011 年为 65%），网购者占网民总数的 80%（2008 年为 45.2%，2009 年为 52.6%），约为 1734 万人。对于不网购的居民，其消费行为参数设定与之前的模拟一致（表 81）；对于网购者，设定其在一级中心进行消费的频率为 2%，在二级中心消费的频率为 15%，花费与不网购者一致。

在网购因素的影响下，2020 年上海市域模拟零售业中心体系规模大幅缩减（图 8–9）。一级中心减少 4 个，位于老闵行和松江老城的两个中心消失，以至于一级中心仍限定在中心城区之内；二级中心减少 21 个，其中中心城区减少 11 个，郊区减少 10 个。如果将原先的 14 个一级中心固定在原处，以观察网购对这些中心收入的影响，则会发现所有一级中心的收入平均减少 20%。由于原本这些中心之间的竞争已经比较激烈，部分中心的收入位于阈值的边缘，20% 的收入减少导致所有中心无法生存，因此也不得不退出部分中心从而令市场重新洗牌。

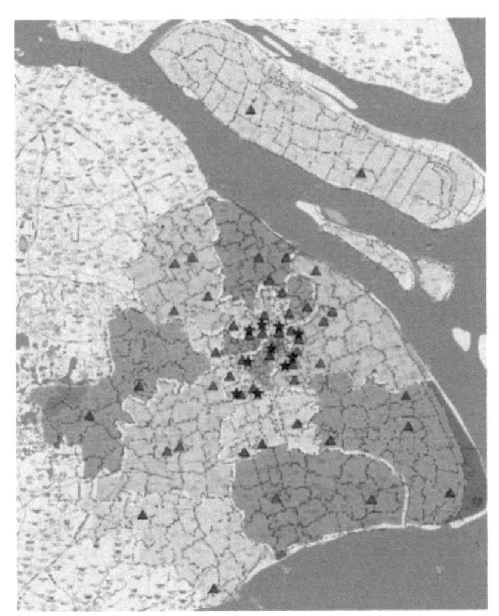

结构：10+48（23+25）；
人均出行距离：64.5km

图 8–9　网购影响下的 2020 年上海市域零售业模拟布局

8.5　小结

本例展示了应用多代理人模型，首先将模型针对实际情况进行参数标定，再进行情景推演的过程。尽管目前的模型仅标定消费者前往中心的距离和商业中心收入阈值两个参数，模拟的上海市域零售业中心体系已经能够一定程度上接近实际的零售业体系，说明模型抓住了商业中心演化机制的核心部分。

通过模拟方法特有的优势——情景分析，预估了不同人口分布以及网购影响下的市域零售业中心体系发展的可能性，但在模拟系统尚未成熟的情况下，尚不足以作为实际规划的依据，其中的定量分析很大程度上更适合作为定性判断的资料，提供不同思路。

（1）市级中心建设的重点在中心城区。尽管未来上海空间结构调整的大方向是郊区，但绝大多数市级中心仍在中心城区发展，这点与商业规划纲要的目标一致，但在中心的具体位置上有一定差异。可能兴起的中心包括：北外滩、上海火车站、漕河泾、上海南站、豫园、耀华路、大华、世纪大道、老闵行、松江老城。其中，老闵行与松江老城位于郊区，其商圈与中心城区的市级中心不存在竞争关系，主要服务于地方居民；且受需求波动的影响较大，作为市级中心有较高的不确定性。

（2）二级中心建设的重点在郊区。郊区二级中心的增长速度将远高于中心城区二级中心，这是市域人口增长与向郊区疏解同步进行的结果。这里的二级中心，在中心城区内对应于商业规划纲要中的地区级中心，以及规模和服务介于地区级和社区级之间的中心形态；在郊区，即包括商业规划纲要中的新城中心，也包括介于新城中心和新市镇中心之间的中心形态。因为模拟以 2000 年的情况为目标，当时二级中心的发展水平应略低于当前的地区级中心和新城中心。

（3）北外滩、世纪大道具有成为顶级市级中心的潜力。在商业地理中，区位是影响商业中心繁荣的基本要素，由于地理区位不可改变，也因此有了“区位、区位、区位”（Location，Location，Location）这一通俗而经典的论断。在特定的环境中，一个中心的区位可能因为历史、建成环境等因素制约不能发挥其应有的作用。由于目前该模拟系统唯一的选址机制就是中心与消费者的空间关系以及由此而形成的收入差异，结果显示北外滩、世纪大道在不同的阶段分别是收入最高的两个市级中心，说明它们具有优良的先天区位条件。北外滩地区功能的逐步升级和世纪大道地铁四线交汇地区的开发，与它们的区位优势将共同发挥两个地区作为顶级市级中心的潜能。

（4）网购的影响要充分考虑。网购导致消费者对实体商业需求量的减少，模拟显示按照目前网购的发展趋势，未来将对市域零售业体系产生显著的影响，不考虑网购影响的零售业体系存在规模过大的风险。

该模拟系统也适用于模拟社会服务设施体系，为学校、医院、公园等设施的规划提供新的思路。

9

作为规划设计的工具——基于 NetLogo 的大型展会规划与管理优化

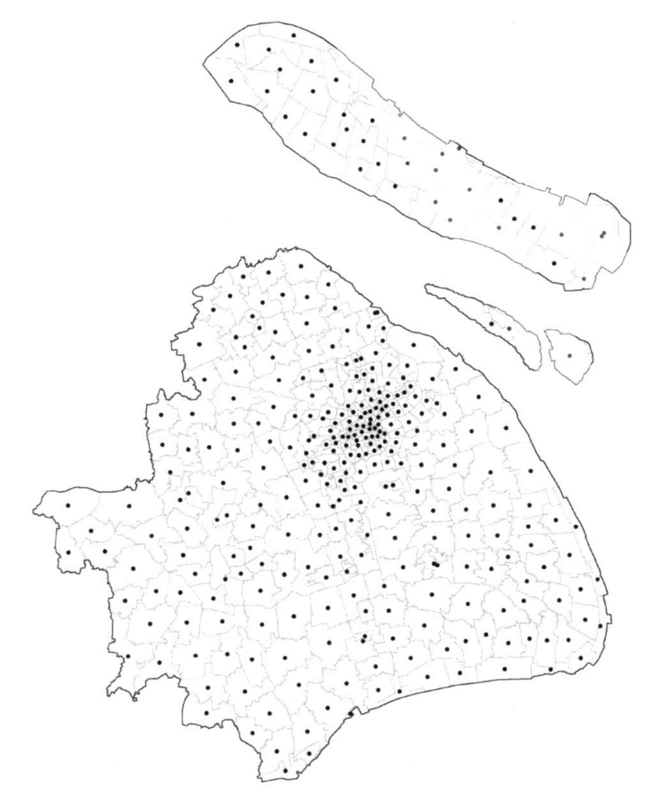

模拟是规划的本质过程（第 0 章），规划又是一个优化的过程，这个过程包含反复的“模拟—评价—优化”。在用模拟进行情景预估的基础上，以一定的标准对规划方案进行评价，识别问题并推断原因，进而加以修正，提出改进方案，这就是规划的基本过程。本章以 2014 青岛世界园艺博览会的规划与管理优化为例，示例如何将 NetLogo 作为规划设计辅助工具，应用到规划实践之中。

9.1 背景

大型展会是高强度人流活动场所，保证游客安全，让他们拥有舒适、愉快的游览体验，给举办地留下一个好口碑，是举办大型展会的重要目标。这不仅是展会期间管理的任务，也需要在园区规划设计阶段就对园区布局可能对游客行为所造成的影响作尽可能准确地把握，由此来优化规划设计，并制定管理预案。

2014 年青岛世界园艺博览会（以下简称世园会）是一项规模大、时间长、影响面广、意义重大的展示活动。世园会举办时间为 2014 年 4 月—10 月，为期 180 天，预计接待客流 1600 万 ~1800 万人次，具有规模大、时间长、影响面广、意义重大的特点。根据《2014 青岛世界园艺博览会园区交通设施与交通组织规划》（以下简称世园会交通规划）的预测，超过 90% 的场内交通将通过步行方式解决，保证园区内参观人流活动的有序安全无疑是此次世园会的关键目标。本研究开展时，世园会的场地方案设计已经完成并开始实施，但仍有空间优化布展、道路、设施建设以及运营管理。研究的目标是：通过模拟参观者行为，对世园会园区内游客的时空分布与各项活动进行预测，提出服务设施的规划配置建议，制定园区参观人流、车流组织预案。

9.2 园区概况

9.2.1 总体布局

世园会选址位于青岛市李沧区东部百果山森林公园，规划占地为 2.41km^2（图 9-1）。场址内地形较为复杂，分布着山岭、沟壑、溪流、水库、缓坡、山岩、树林等多种地貌；总体南低北高，最高海拔 250m，最低海拔约为 64m。

园区基本空间结构为“两轴、十二园、三核”。“两轴”指南北向的鲜花大道轴和东西向的林荫大道轴：鲜花大道轴从园区最南端的主入口一直延续到最北端位于山地上的主题馆；林荫大道连接西端的农艺园和东端的花艺园。“十二园”包括由“中华园”、“花艺园”、“草纲园”、“童梦园”、“科学园”、“绿业园”、“国际园”构成的主题功能片区，以及由“茶香园”、“农艺园”、“花卉园”、“百花园”和“山地园”构成的外围片区。“三核”分别为“主题馆”、“天水”和“地池”。

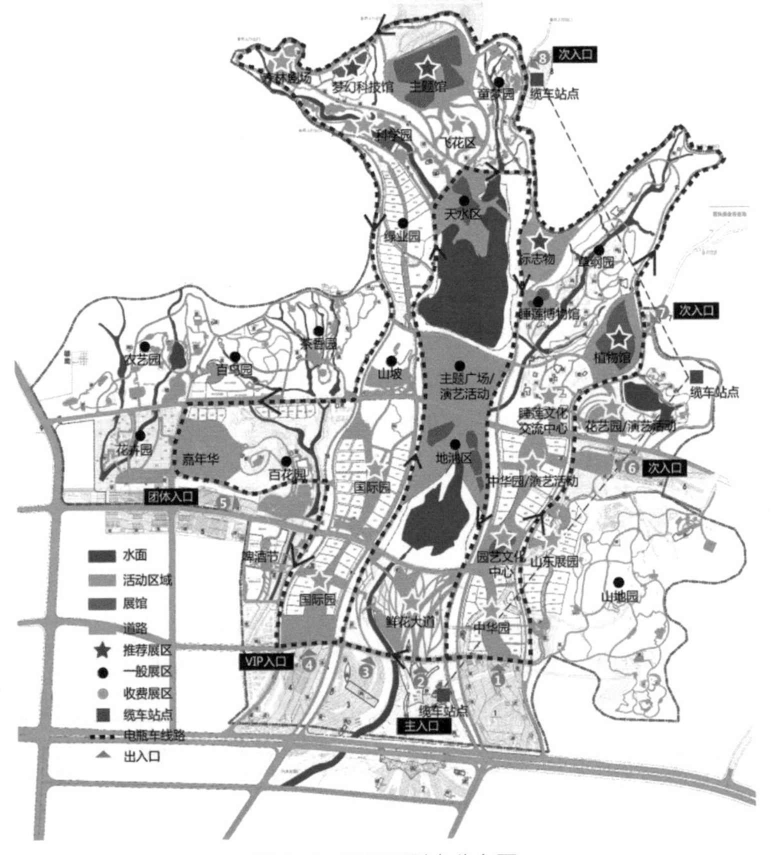

图 9-1　园区吸引点分布图

9.2.2 交通组织

园区内规划道路分为主干路、次干路、步行路 3 个等级。主干路规划可供电瓶车通行，作为辅助交通方式。电瓶车线路规划有内外两环以及东西一线（图 9–2）。缆车（绿线）从南端主入口经过中部东端的转折点后，终结于北部童梦园的东侧。园区主要的步行系统称作“七彩飘带”（图 9–3），以主题广场为核心，向周边发散深入各展区，每条飘带集中设置遮阴及水雾设施用以降温。

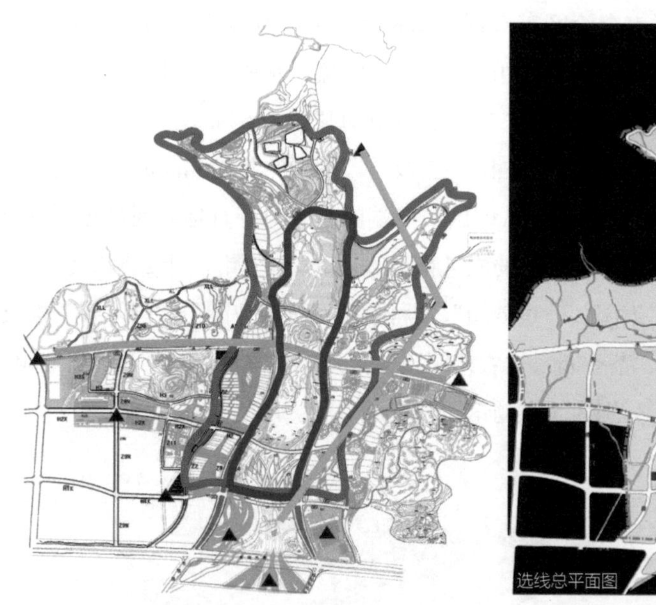

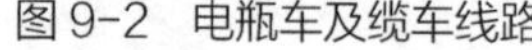

图 9–2 电瓶车及缆车线路

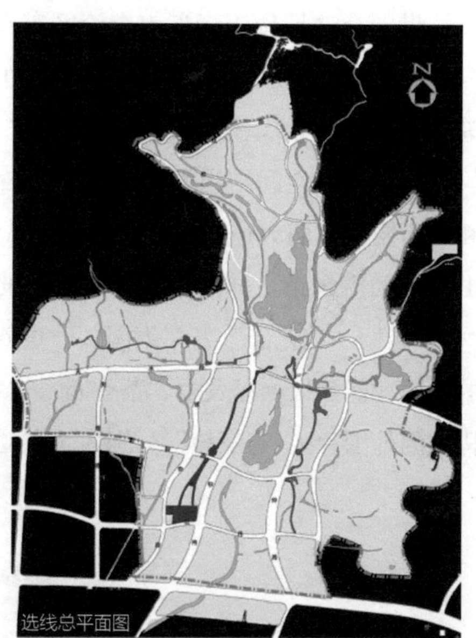

图 9–3 “七彩飘带”步行空间系统

9.2.3 模拟分区

将整个园区进行抽象简化进而分为 41 个展区（图 9–4），作为面状参观人流量统计的空间单元；又将道路系统抽象为由节点和链接构成的网络，作为路段服务水平的统计单元。图中的灰色地块以及五角星代表出入口位置；房屋图标代表餐厅。大量洗手间按照规划布置在园区内，但图中未表达。

9.3 模拟系统建构

模拟系统界面如图 9–5 所示，分为 3 个板块。位于左侧的模拟控制板块设置了控制模拟进程、参数以及输出的控件。中间的空间表达板块用来动态显示代理人在模拟园区中的实时活动、展区和路段等要素的服务水平。右侧的统计板块可以动态显示主要指标随时间的变化，如总人数、从事各类活动的人数、餐厅就餐人数、洗手间使用人数等。整个模拟系统的建构包括情景设定、人群设定、边界条件设定、行为设定四个步骤。

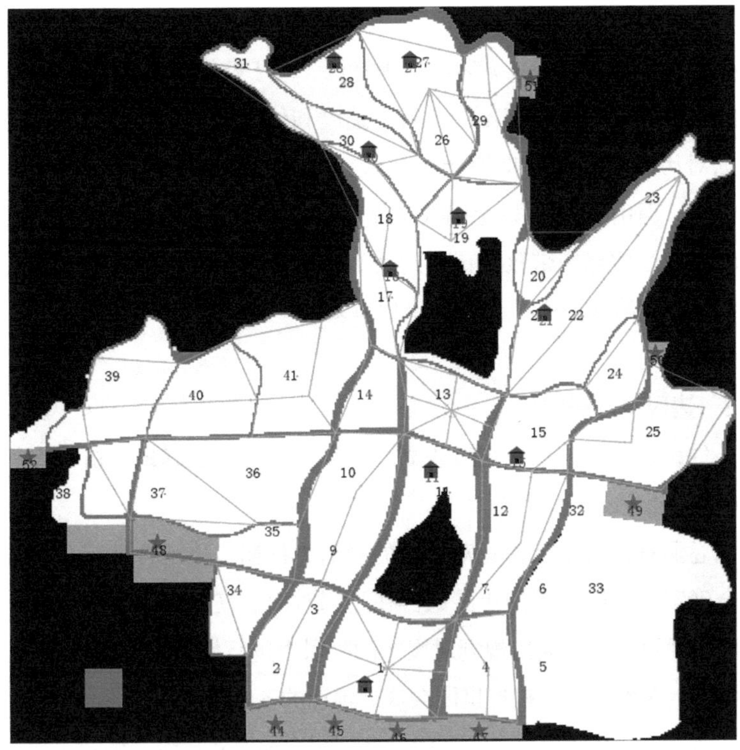

图 9-4 模拟园区分区

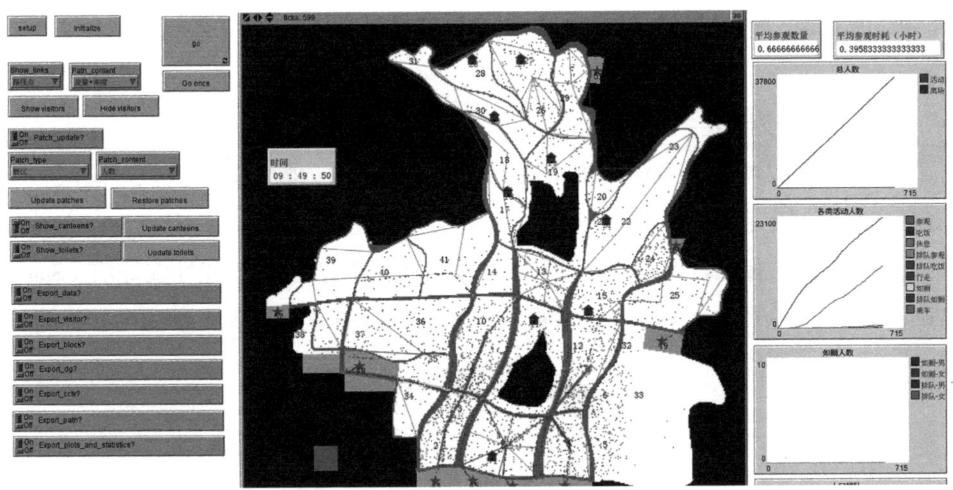

图 9-5 模拟系统界面

9.3.1 情景设定

主要考虑两个要素作为模拟情景设定的变量，一是人次，二是温度。根据世园会规划，取 10、16、20、30 万人 / 日四个日参观总人次为这一个维度的情景。青岛常年气候温和，但也不能排除极端高温天气的出现。因此，将这两个变量交叉，总共构成 8 个模拟情景分别进行仿真和分析。

9.3.2 人群设定

准确模拟不同人口学特征游客的行为特征，对于整体仿真结果有着直接的影响。如不同年龄对展区类型的偏好不同、行走速度和休息频率不同等。游客的年龄结构方面，根据对历届世园会和世博会的分析，孩童占总人数的 8%；中青年占 82%；老年人占 10%。但由于 80% 以上的人结伴而行，部分中青年的行为受到同行的儿童及老人影响。最终估算携带孩童比例约为 20%，陪同老人比例约为 20%，中青年独自或同龄结伴比例约为 60%。男女性别比例基本一致。

9.3.3 边界条件设定

边界条件设定步骤即根据现有规划和计划，尽可能准确地对仿真相关要素进行量化作为仿真参数的过程。

通过问卷调查，收集被访者对展区的吸引力预期；再结合世园会组委会的运营计划，综合确定了展区对不同年龄人群在不同时间、气温下的吸引力。此外，根据园区夜景照明规划和文艺演出规划对展区的吸引力进行修正。

出入口边界条件的设定根据世园会规划预计的各入口人数。各入口周边的交通设施有一定差异，结合交通规划中预测的游客到园交通方式比例，确定了代理人的交通方式，这将决定其离园出口选择行为。游客到园和离园时间的边界条件，则根据上海世博会的实际入园时间分布曲线和世园会规划预测的离园时间分布曲线来确定。

9.3.4 行为设定

行为设定是本模拟系统建构中最为关键和复杂的步骤，集中模拟对园区人流分析和对策制定有直接影响的 6 大类行为：入园和离园行为、参观行为、交通行为、就餐行为、休息行为以及如厕行为（图 9–6）。主要通过叙述性偏好法（Stated Preference）来获得被访者对世园会各种情景的选择偏好，并结合 2010 年上海世博

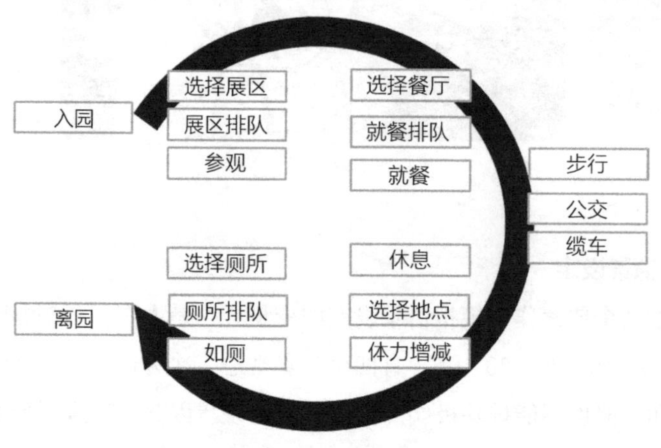

图 9–6 模拟流程概要

会的模型结果，综合确定了模型的结构和参数。对上海世博会实际参观者行为调查的样本量达到 1200 个，记录了较为完整的参观者从入园到离园之间的主要行为，具有很高的借鉴价值。

（1）入园 / 离园行为

根据入园曲线分布，模拟进程在各入口生成一定数量的游客代理人，同时生成代理人的人口学特征、交通方式等属性，并根据离园曲线确定其离园时间。当模拟中的时间超过离园时间，代理人即离园。在离园选择出口时，其优先考虑符合其交通方式的出口，其次就近选择出口。

（2）参观行为

这是本模拟中最为核心的行为对象，采用多项逻辑特模型来模拟游客在众多展区中选择一个进行参观（详细模型原理参见王德等，2009；王德，马力，2009；王德，马力，2012）。行为模型建构的大致过程是：通过叙述性偏好调查，让被访者参照园区平面图，想象在真实情况下采取的参观路径。根据路径建立基于效用的展区选择模型。展区对游客的效用受到以下要素影响：展示内容的吸引力、展示的规模、距当前位置的距离、展馆排队时耗、沿途的坡度、展区是否位于主轴线、是否经过七彩飘带、是否为室内展示、是否有演出活动。模拟过程计算参观者当前位置下，所有可选展区的效用，计算选择概率，根据概率随机选择参观目的地。针对不同的参观者年龄，建立了相应的模型，以使得对个体行为的模拟更加贴近现实。代理人到达目标展区后，如果需要排队，则进入排队程序。

（3）交通行为

在代理人确定目的地后，寻找达到该地的最佳路径，影响要素有：路径长度、坡度、拥挤程度、是否临水、是否是七彩飘带、是否布设灯光。判断最佳路径亦通过效用函数，该函数的获得仍通过叙述性偏好实验，让被访者在几条路径中选择最好的一条。是否选择公交则基于逻辑斯递模型来模拟，影响要素包括到目的地的距离以及坡度。而对于缆车的使用行为则根据缆车的运量来确定使用的游客比例。

（4）就餐行为

午饭和晚饭是两次主要的就餐时间点。根据世园会规划，设定 35% 的就餐需求在餐厅满足，代理人的午饭和晚饭时间分布设定为以 12：00 及 18：00 作为均值，1 小时为标准差的正态分布。其对餐厅的选择同样采用选择模型，以餐厅规模和距离为效用影响要素。在到达餐厅后，判断是否排队。若排队时耗超出容忍时耗（设定为 30 分钟），游客会另选餐厅。

（5）休息行为

代理人具有“体力”属性，用来决定是否休息。体力值以时间为度量，体力消耗包括行走消耗和参观消耗，行走消耗即为相应行走距离的时耗，参观消耗为行走消耗的一半，休息、吃饭可补充体力。体力值根据上海世博会实际调查中参观者的休息行为来确定。

（6）如厕行为

根据已有研究数据，分别确定了男女大解和小解的频率以及时耗。模拟游客就近选择厕所，厕所容量不限，目的是考察潜在的需求量。

9.4 评价指标体系

评价指标体系用来评价特定规划和边界条件下，园区的运行状况，辨识问题。主要针对不同类型的展区和道路采用不同的评价指标。

9.4.1 展区评价指标

世园会以室外展园为主，在 41 个分区中，只有 6 个是室内场馆。对于这些展馆，采用排队时耗作为评价指标。依照时耗长短共划分五个等级，分别为 0.5 小时以下、0.5~1 小时、1~2 小时、2~3 小时、3 小时以上。

对于室外展园，根据其不同的功能与性质又划分为两种类型：拥有展示内容的展园采用室外展示空间密度进行评价，该指标等于参观人数与室外展示空间面积的比值；对于没有具体展示内容，而以体验和联系功能为主的展园，采用有效活动空间密度进行评价，该指标等于展园内参观、行走、休息的总人数与参观、行走、休息空间面积的比值。在考虑实际参观体验经验及 25% 的安全系数后（被检验的数量提高 25%），上述两种密度可从低到高划分为五个等级：①通畅——<0.3 人 /m^2，参观人流能按自己的意愿参观，不会产生冲突；②略受阻——0.3~0.5 人 /m^2，有一定的空间供参观者选择参观路径和纵向绕越其他参观者，有轻微冲突；③受阻——0.5~0.7 人 /m^2，选择参观路径和纵向绕越其他参观者的自由受到限制，冲突概率提高，为避免碰撞，参观者须经常改变参观路径；④严重受阻——0.7~0.9 人 /m^2，所有参观者的参观路径会受到限制，参观人流会出现间歇性的堵塞和参观中断现象；⑤通行困难——>0.9 人 /m^2，所有参观者的参观路径受到严重限制，经常发生不可避免的接触，不可能纵向绕越或横向、反向行走，空间排队行人的特性多于运动的行人流特性。

9.4.2 道路评价指标

对于道路仍采用客流密度作为评价指标，在分级上参考了美国道路通行能力手册（HCM2000）中有关行人交通流的相关内容及 30% 的安全系数。本研究中，道路客流密度划分为五个等级，分别为：通畅（<0.2 人 /m^2）、略受阻（0.2~0.34 人 /m^2）、

受阻（0.34~0.54 人 /m²）、严重受阻（0.54~1.01 人 /m²）、通行困难（>1.01 人 /m²）。此外，在无展示内容的展园中，有三个位于中轴线上的展园也没有特殊的体验功能，仅作为通过性交通空间，对其进行评价时也采用道路评价标准。

9.5 参观者行为模拟分析与问题辨识

9.5.1 总体行为特征及问题

在所有情景下，高峰时刻的在场人数大致为总人次的 70%，人均参观展区的数量在 6.5 个左右，从入园到离园之间的人均参观时耗约为 6.8 小时。总体活动人数在时间上呈现快速增加、缓慢减少的特征（图 9–7），总人数高峰基本上位于 13:00 左右。

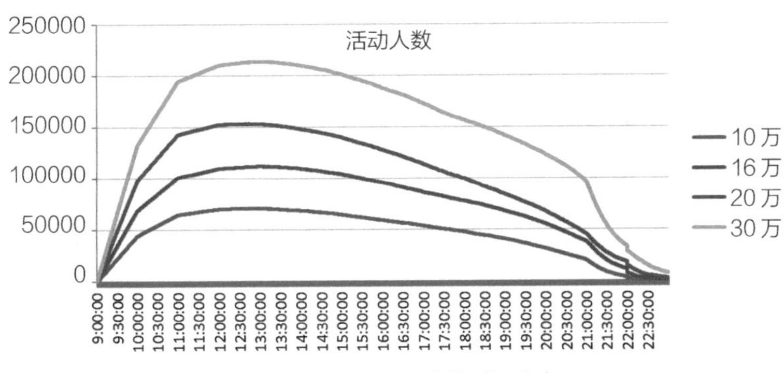

图 9–7　活动总人数的时间分布

各类活动人数的时间分布如图 9–8 所示。处于行走状态的游客在所有情景和时间下都是最多（50%）；参观行为（32%）、吃饭行为（9%）、参观排队行为（7%）、休息行为（5%）、排队吃饭行为（1.9%）的人数依次递减。

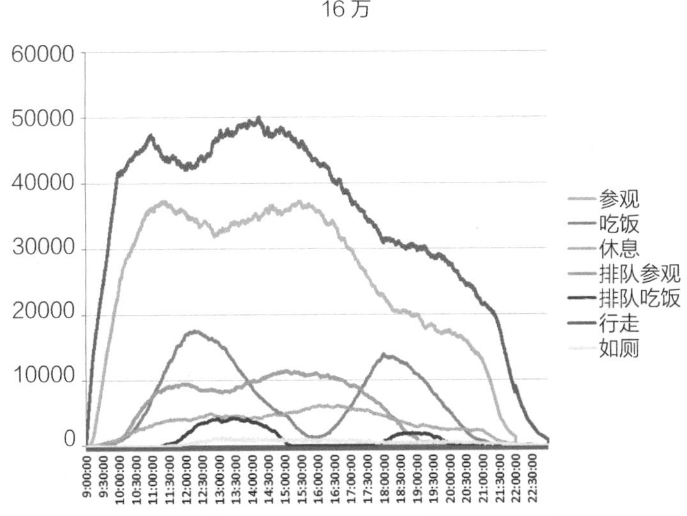

图 9–8　总人次 16 万情景下各类活动人数的时间分布

各类活动的人数高峰时间需要特别关注。第一个关注时间是 11 : 00，此时为行走和参观行为的高峰，且增长速度快，对管理的时效性和灵活性要求最高，需要重点关注道路和展示空间的安保和疏导。第二个关注时间是 12 : 30，此时为午餐高峰，需重点关注就餐空间的疏导和供应。同时应当开始关注就餐排队空间的管理，因为 13 : 00 是午餐排队的高峰，也是总活动人数的高峰，该时段需要管理投入最大。下午 14 : 00 是另一个行走的高峰，同时参观人数水平也比较高。15 : 30 是参观排队管理任务最重的时间。晚饭高峰为 18 : 30 左右，需要加强管理的是 20 万人以及 30 万人的情景。

9.5.2 展区的问题

展区高峰总人数分布呈现主轴线两侧高、边缘低的总体特征（图 9-9）。根据展区的密度、排队时耗以及问题持续的时间长短来综合甄别需要重点关注的展区（表 9-1）。

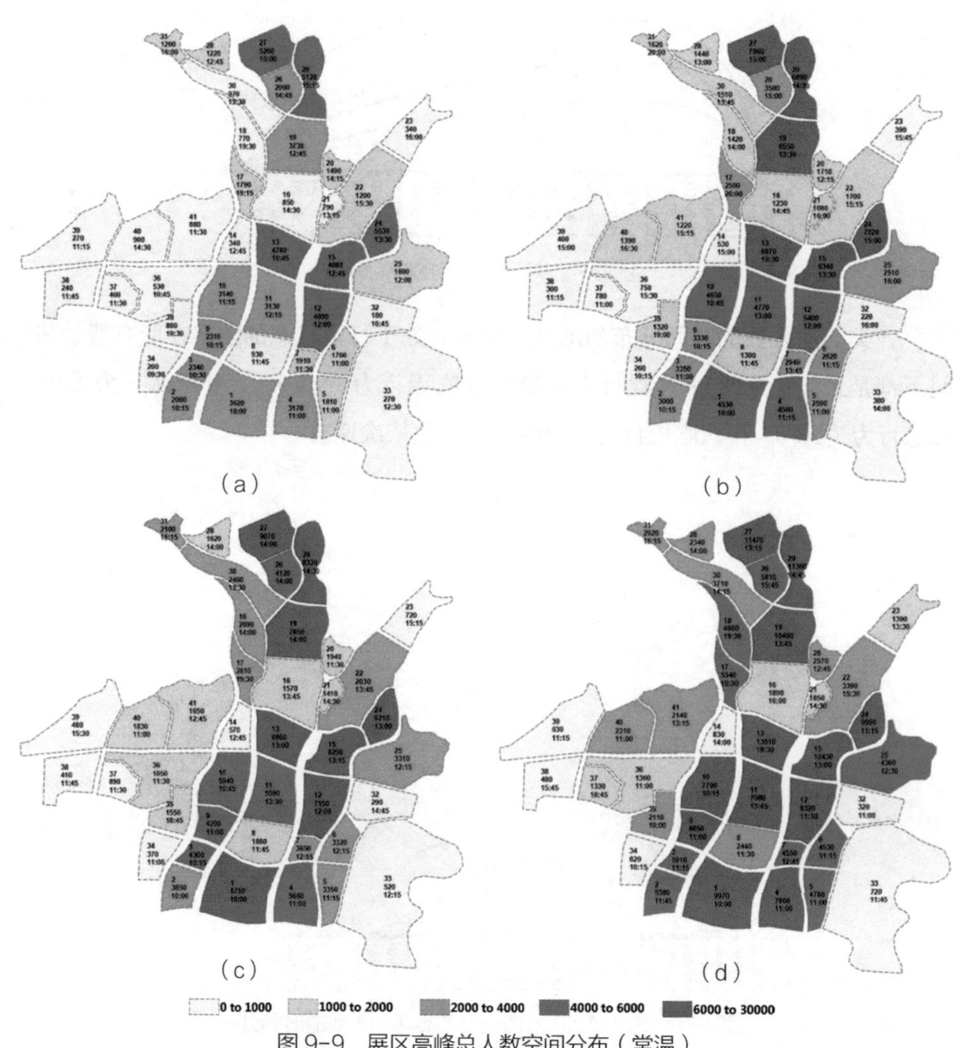

图 9-9　展区高峰总人数空间分布（常温）

（a）10 万人；（b）16 万人；（c）20 万人；（d）30 万人

部分问题展区严重性判断（常温） 表 9-1

展区	严重性	情景（万人）	问题对象	主要问题	持续时间
1- 鲜花大道	低	20	有效活动空间	略受阻	很短
	一般	30	有效活动空间	略受阻	很长
				受阻	较短
2- 国际园接待中心	低	16	室外展示空间	略受阻	较短
	一般	20	室外展示空间	略受阻	很长
				受阻	很短
	较高	30	室外展示空间	略受阻	很长
				受阻	较长
				严重受阻	较短
20- 观光塔	较高	10	排队	0.5~1 小时	很长
				1~2 小时	很长
	较高	16	排队	0.5~1 小时	很长
				1~2 小时	很长
				2~3 小时	较短
	很高	20	排队	1~2 小时	很长
				2~3 小时	较长
	很高	30	排队	0.5~1 小时	很长
				1~2 小时	很长
				2~3 小时	很长
				3 小时以上	较短
27- 主题馆	一般	16、20	排队	0.5~1 小时	很长
	较高	30	排队	0.5~1 小时	很长
				1~2 小时	很长
	较高	所有	展馆	满负荷运行	很长

总体上，游客活动在园区内呈现极为不均的分布，位于南北主轴线附近的展区的活动强度显著高于外围的展区。从平衡人流、缓解矛盾的目的出发，有必要在外围增加吸引点，平衡设施利用。在造成展区问题的各项因素中，对于有展示展园，主要关注于展示空间的管理和疏导，有条件进行扩建。对于无展示展园，则要对可活动面积进行疏导或扩容。对于展馆，主要的问题是排队管理，可辅以信息发布等措施控制游客参观意愿；在所有情景下展馆均长时间满负荷运行，馆内人流管理需持续警惕。

高温情景相比常温情景，问题展区的数量有明显的增长。总体上可以天水为分界线，以南的问题展区数量增加为主，以北的问题展区数量减少为主。这主要是因为高温加重了人们对距离和坡度的敏感程度，造成活动相对集中在地势平坦的南部展区。

9.5.3 道路的问题

道路问题主要集中在地池和天水附近南北向的道路上（图 9–10），这与强吸引力展区布置在主轴线两侧是一致的。七彩飘带的问题要大于交通性的道路。这是由于游客看重七彩飘带富有特色的步行环境以及林荫道的降温效果。

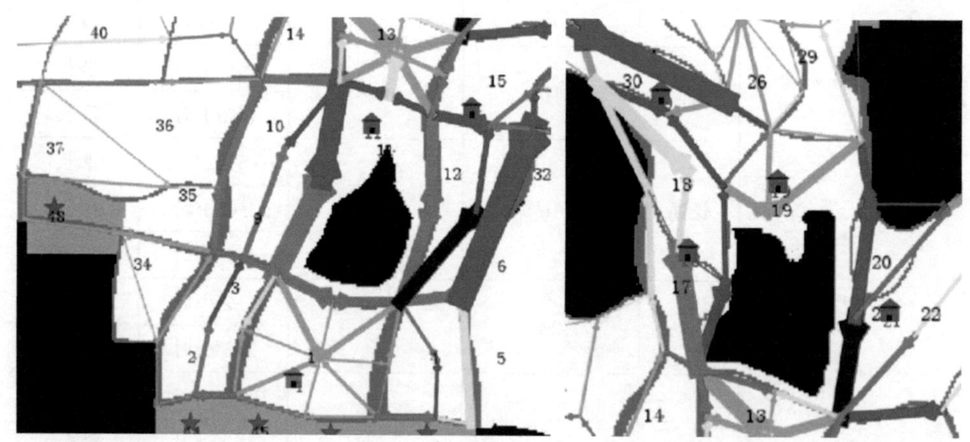

图中色彩：绿色—通畅；黄色—略受阻；橙色—受阻；红色—严重受阻；褐色—通行困难

图 9–10 地池、天水周边的道路服务水平（常温，30 万）

地池地区的空间比较开阔，交通性道路分布密集，疏解的余地较大；而天水地区空间相对狭窄，周边可用来转移人流的道路非常有限，加之地形复杂，因此极容易产生问题，特别是天水东侧的杜仲路。西侧水杉路的拥挤状况因为其西侧的青色飘带能够得到一定缓解；而杜仲公路是该片区唯一的一条南北向且路径距离较短道路，因此是关注的重中之重。

因此，对于地池地区，解决问题的主要思路是引导游客从七彩飘带向交通性道路转移；而天水地区一方面要尽可能增加道路面积来提高服务水平，另一方面可以通过在主题广场附近提供便捷优惠的公交服务，将人流从外围向北部输送；再者可以通过在南部增加吸引点来滞缓向北移动人流的速度。

高温情景的道路人流情况相对常温情景主要有两个明显的变化。一是地池附近道路人流增加、天水附近道路人流减少。原因是人们对距离、坡度的敏感程度增加，向北移动的意愿减弱。二是七彩飘带的人流增加、交通性道路的人流减少。高温下人们更加偏好遮荫设施，因此加剧了人流向七彩飘带的聚集。

9.6 预警与对策

基于以上对仿真结果的评价，制定相应的规划改善对策；同时在管理上，针对辨识出来的各种问题，分别提出各自的预警方案以及管理对策。

9.6.1 规划改善对策及效果

（1）展区吸引力布局调整

从规划的角度看，现有布局体系中的强吸引点集中布置在园区北部与东北部，而入口又集中布置在园区南部，造成主要人流集聚在中轴线两侧，而东西两端展园由于吸引点不足，没有担负起分担吸纳人流的作用，人流量偏少。因此可以在园区东部与西部增加强吸引点（图 9–11），例如在花卉园中增设蔬艺馆、在百花园中增设嘉年华、在花艺园中增设演艺舞台等，适时举办文艺演出，将吸引点分散化，旨在平衡客流量，有效缓解各种情景下人流拥挤问题，是最根本的解决问题方案。

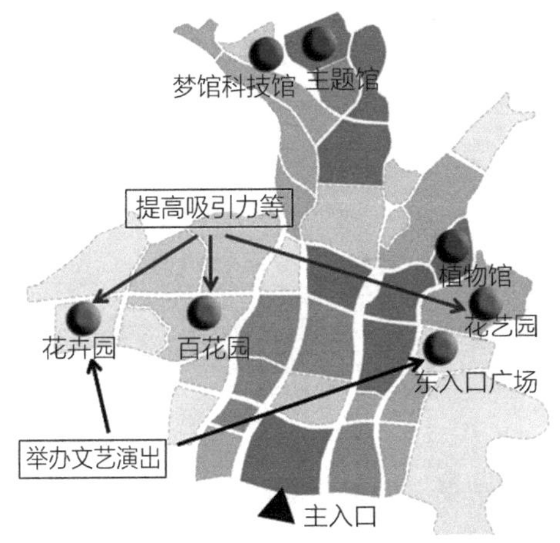

图 9–11　调整展区吸引力布局

调整后，百花园、花卉园、百鸟园的吸引力水平均被调高，因此高峰总人数有了显著增加。其他各区变化均不大，表明受这些措施的影响十分微弱。对于增设舞台的展区，调整前后的变化同样很小。对高峰参观密度的改善效果同样有限，只有在 30 万人情景下的少量展区改善幅度提升一个等级。对高峰有效活动空间密度的影响也十分有限。

吸引力调整措施对改善排队效果显著。在 20 万人情景下，梦幻科技馆的高峰排队时间减少了约 20 分钟，其他各场馆则仅为小幅下降。在 30 万人情景下，梦幻科技馆高峰排队时间减少了约 1 个小时，观光塔减少了约半个小时，这两处场馆原先排队问题最为严重。

（2）增设通道

对于部分道路密度过高的问题，考虑到园区内山地多、坡度大、地形复杂的特点，对密度与坡度的交互作用给予重点关注。结果发现：部分高密度路段的坡度也较大，典型如天水地区东侧水杉路上的一段坡道，在 10 万人与 16 万人情景下均为严重受阻，20 万人与 30 万人情景下高峰都达到无法通行的水平，这对于保障游客安全无疑是非常不利的。因此，建议在园内多处局部区域增设通道，包括在天水地区东西两侧增设 3 条 4~6m 的木栈道、拓宽天水北部的步行桥、在主题馆周边增设 1 条步行道和 4 座步行桥、在园区外部西北侧增设 1 条山上的疏散通道等（图 9-12）。

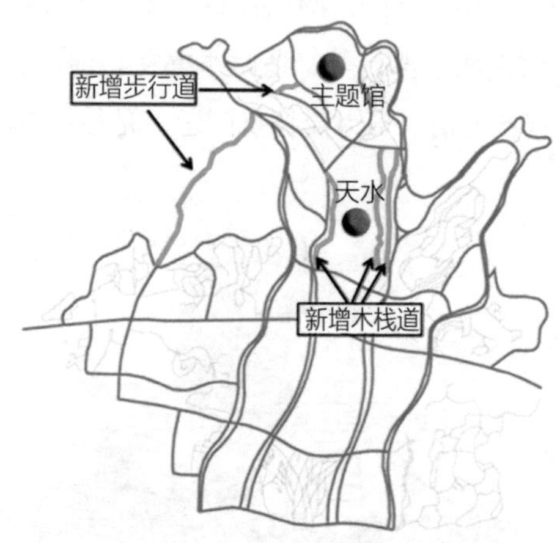

图 9-12　主要新增通道位置

对比调整前后的模拟结果，发现局部增设通道的效果十分明显，许多路段的密度可改善一个等级（图 9-13）。

9.6.2　预警与管理对策

考虑到现有规划方案已基本完成，合理可行的管理措施事实上将成为实际中解决问题的主要手段。根据已辨析出的不同情景下出现问题的时间与空间及严重性，采取合理的管理对策。对策针对不同程度的问题分类制定，由低到高分别包括：加强监控、拥挤信息发布、管理人员增加、人流引导与疏解（指示牌、建议参观路线）、演艺活动调整、公交运营暂停、参观时间缩短、强制性管制（暂停开放、禁止进入）、紧急疏散，共九类。在此基础上，根据评价指标体系，对展馆、展园、道路的各种问题分别提出预警与管理对策方案（表 9-2）。

15 : 00

调整前

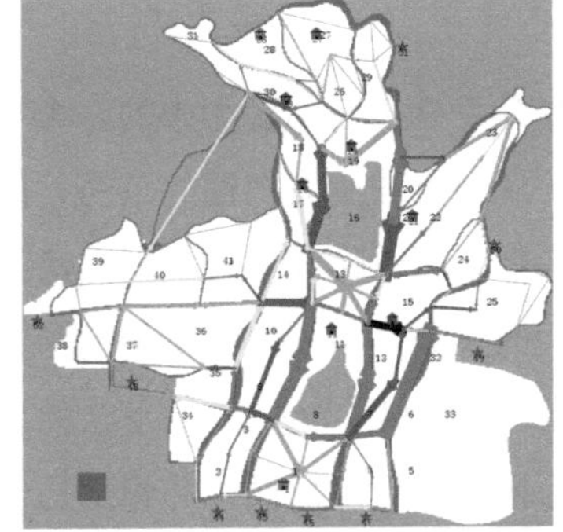

调整后

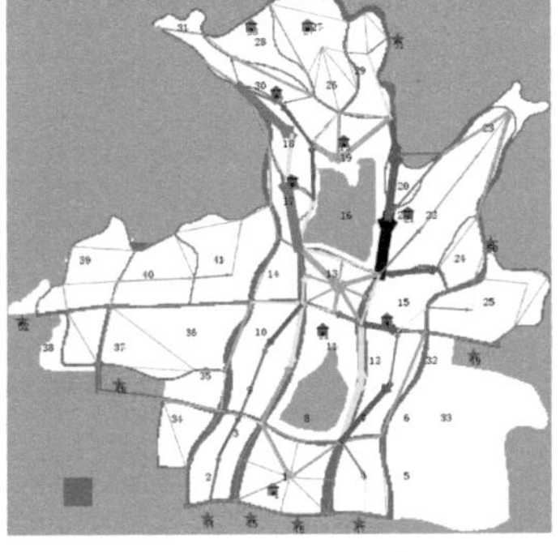

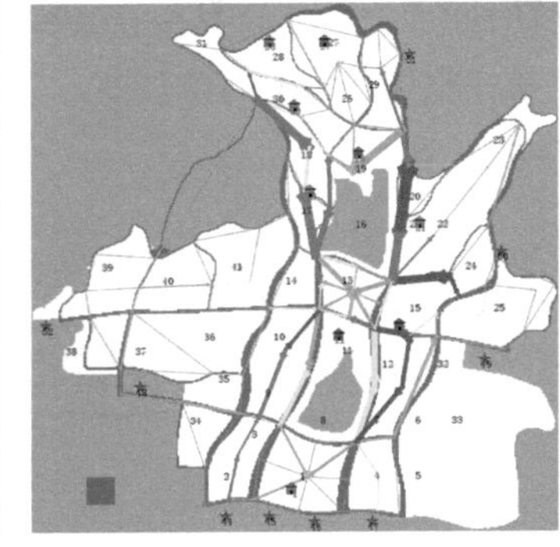

图例：
绿色—通畅；
黄色—略受阻；
橙色—受阻；
红色—严重受阻；
褐色—通行困难

图 9-13 常温 30 万人情景新增通道前后模拟结果对比

预警与管理对策方案 **表 9-2**

问题类别	预警级别	管理对策
展园参观密度	略受阻	加强监控、增加管理人员、发布拥挤信息
	受阻	启动演艺分流预案、加强引导、疏导
	严重受阻	减少展园内展示项目、中止演艺活动
	无法通行	禁止参观者进入
展馆排队	1~2 小时排队	加强监控、发布拥挤信息
	2~3 小时	启动演艺分流预案
	3 小时以上	缩短参观时间
道路拥挤	略受阻	加强监控、增加管理人员
	受阻	加强引导、疏导
	严重受阻	暂停公交运行、实施人流渠化，分流
	无法通行	临时通行管制
坡度较大路段	畅通	加强监控
	略受阻	加强引导、疏导
	受阻	人流渠化和分流
	严重受阻	临时通行管制、实施疏散
	无法通行	紧急疏散

9.7 小结

世园会规划只是众多空间规划中的一个小尺度类型，其中参观者行为的复杂性已经超出了传统规划方法所能把握的范畴，何况更大尺度的城市规划。用多代理人技术模拟参观者行为可以作为传统规划方法的补充，但本身也面临诸多挑战。模型的准确性是最大的挑战。本模拟系统中的参数就有将近150个，每一个都需要理论或者实证的支撑；而一个环节越多、越复杂的系统，其稳健性通常会越差。即便如此，多代理人模拟为精细化地规划设计和管理提供了手段。本例显示了在规划前期进行模拟评估的重要性，因为一旦方案的大结构成形，其对人们的行为的影响也随之稳定；后期的调整只能是在整体态势下的微改进。

参考文献

[1] Arentze，T. A.，Borgers，A.，Timmermans，H. A model of multi-purpose shopping trip behaviour[J]. Papers in Regional Science，1993，72（3）：239-256.

[2] Arentze，T. A.，Timmermans，H. A multipurpose shopping trip model to assess retail agglomeration effects[J]. Journal of Marketing Research，2005，42（1）：109-115.

[3] Berrou，J. L.，Beecham，J.，Quaglia，P. et al. Calibration and validation of the Legion simulation model using empirical data[J]. In Pedestrian and Evacuation Dynamics 2005，N. Waldau，P. Gattermann，H. Knoflacher，M. Schreckenberg（ed.），Springer，2007：167-181.

[4] Berry，B. J. L. Commercial structure and commercial blight：retail patterns and processes in the city of Chicago[D]. Chicago：University of Chicago，Department of Geography，research paper No.85，1963.

[5] Borgers，A. W. J.，Timmermans，H. J. P. A model of pedestrian route choice and demand for retail facilities within inner-city shopping areas[J]. Geographical Analysis，1986a，18（2）：115-128.

[6] Borgers，A. W. J.，Timmermans，H. J. P. City centre entry points，store location patterns and pedestrian route choice behaviour：A microlevel simulation model[J]. Socio-Economic Planning Sciences，1986b，20（1）：25-31.

[7] Borgers，A. W. J.，Timmermans，H. J. P. Simulating pedestrian route choice behavior in urban retail environments[C]. In Proceedings of Walk21-V Conference，Copenhagen，2004，CD-ROM：11 pp.

[8] Borgers，A. W. J.，Timmermans，H. J. P. Modeling pedestrian behavior in downtown shopping areas[C]. In Proceedings of the 9th International Conference on Computers in Urban Planning and Urban Management，London，2005，CD-ROM：15 pp.

[9] Christaller，W. Central Places in Southern Germany[M]. Englewood Cliffs，NJ：Prentice-Hall，1966.

[10] Cromley，R. G.，Hanink，D. M. Population growth and the development of a central place system[J]. Journal of Geographical Systems，2008，10（4）：383-405.

[11] Curtin，K. M.，Church，R. L. Optimal dispersion and central places[J]. Journal of Geographical Systems，2007，9（2）：167-187.

[12] Dijkstra，J.，Jessurun，J.，Timmermans，H. J. P. A multi-agent cellular automata model of pedestrian movement[D]. In Pedestrian and Evacuation Dynamics，M. Schreckenberg，S. D. Sharma（ed.），Springer-Verlag，Berlin，2001：173-181.

[13] Dijkstra, J., Timmermans, H. Towards a multi-agent model for visualizing simulated user behavior to support the assessment of design performance[J]. Automation in Construction, 2002, 11 (2): 135–145.

[14] Hagishima, S., Mitsuyoshi, K., Kurose, S. Estimation of pedestrian shopping trips in a neighbourhood by using a spatial interaction model[J]. Environment and Planning A, 1987, 19 (9): 1139–1153.

[15] Haklay, M., O' Sullivan, D., Thurstain-Goodwin, M. "So go downtown": Simulating pedestrian movement in town centers[J]. Environment and Planning B, 2001, 28 (3): 343–359.

[16] Marshall, J. U. On the structure of Loschian landscape[J]. Journal of Regional Science, 1978, 18 (1): 121–125.

[17] Nigel, G., Troitzsch, K. G. Simulation for the social scientist[M]. Milton Keynes: Open University Press, 1999.

[18] Oppewal, H., Timmermans, H. J. P. Modelling the effect of shopping center size and store variety on consumer choice behaviour[J]. Environment and Planning A, 1997, 29 (6): 1073–1090.

[19] Puryear, D. A programming model of central place theory[J]. Journal of Regional Science, 1975, 15 (3): 307–316.

[20] Railsback, S. F., Grimm, V. Agent-based and individual-based modeling: A practical introduction[M]. Princeton, NJ, USA: Princeton University Press, 2012.

[21] Saito, S., Ishibashi, K., A Markov Chain model with covariates to forecast consumer's shopping trip chain within a central commercial district[M]. Presented at Fourth World Congress of Regional Science Association International, Mallorca, Spain, 1992.

[22] Schelling, T. C. Dynamic models of segregation[J]. Journal of Mathematical Sociology, 1971, 1 (2): 143 - 186.

[23] Schenk, T. A., Löffler, G., Rauh, J. Agent-based simulation of consumer behavior in grocery shopping on a regional level[J]. Journal of Business Research, 2007, 60 (8): 894–903.

[24] Scott, A. J., A theoretical model of pedestrian flow[J]. Socio-Economic Planning Sciences, 1974, 8 (6): 317–322.

[25] Shen, Q., Chen, Q., Tang, B. et al. A system dynamics model for the sustainable land use planning and development[J]. Habitat International, 2009, 33: 15–25.

[26] Timmermans, H., Borgers, A., van der Vaerden, P. Mother Logit analysis of substitution effects in consumer shopping destination choice[J]. Journal of Business Research, 1991, 23: 311–323.

[27] Train, K. E. Discrete Choice Methods with Simulation[M]. Cambridge University Press, Cambridge, UK, 2003.

[28] Vandenbroucke, D. A. A simulation of a simple central place system[J]. Social Science Computer Review, 1993, 11（1）: 15–32.

[29] Vandenbroucke, D. A. Agglomeration and market area division in a simulated two level central place system[J]. Regional Science Perspectives, 1995, 25（1）: 74–83.

[30] White, R. W. Dynamic central place theory : Results of a simulation approach[J]. Geographical Analysis, 1977, 9（3）: 226–243.

[31] White, R. W. The simulation of central place dynamics : Two–sector systems and the rank–size distribution[J]. Geographical Analysis, 1978, 10（2）: 201–208.

[32] Wilensky, U., Rand, W. An Introduction to Agent–Based Modeling : Modeling Natural, Social, and Engineered Complex Systems with NetLogo[M]. USA : The MIT Press, 2015.

[33] Zhu, W., Timmermans, H., Wang, D. Temporal variation in consumer spatial behavior in shopping streets[J]. Journal of Urban Planning and Development, 2006, 132（3）: 166–171.

[34] Zhu, W., Wang, D., Timmermans, H. et al. Similarities and differences in pedestrian shopping behavior in emerging Chinese metropolises[J]. Studies in Regional Science, 2007, 37（1）: 145–156.

[35] Zhu, W., Timmermans, H. Cut–off models for the 'go–home' decision of pedestrians in shopping streets[J]. Environment and Planning B, 2008, 35（2）: 248–260.

[36] Zhu, W., Timmermans, H. Modeling simplifying information processing strategies in conjoint experiments[J]. Transportation Research Part B, 2010a, 44（6）: 764–780.

[37] Zhu, W., Timmermans, H. Cognitive process model of individual choice behavior incorporating principles of bounded rationality and heterogeneous decision heuristics[J]. Environment and Planning B, 2010b, 37（1）: 59–74.

[38] Zhu, W. Agent–based simulation and modeling of retail center systems[J]. Journal of Urban Planning and Development. 2016, 142（1）: 040150014–1–10.

[39] 蔡朝辉，宋靖雁，张毅等．基于 Multi–agent 的交通流优化模型 [J]. 公路交通科技，2003，（1）: 97–104.

[40] 曹嵘，白光润．交通影响下的城市零售商业微区位探析 [J]. 经济地理，2003，（2）: 247–250.

[41] 柴彦威，翁桂兰，沈洁．基于居民购物消费行为的上海城市商业空间结构研究 [J]. 地理研究，2008，27（4）: 897–906.

[42] 陈鹏．基于多智能主体的人群流动形态动态模拟研究 [D]. 上海：同济大学，

2006.

[43] 侯海荣 . 我国城市商业中心规模研究 [D]. 哈尔滨：哈尔滨工业大学，2009.

[44] 胡代平，王浣尘 . 预测模型 Agent 的实现方法 [J]. 系统工程学报，2001，16（5）：330–334.

[45] 李文成 . 我国大中城市商业网点规划影响因素研究 [D]. 北京：北京化工大学，2005.

[46] 刘慧杰，吉国华 . 基于多主体模拟的日照约束下的居住建筑自动分布实验 [J]. 建筑学报，2009，（S1）：12–16.

[47] 刘润姣，石磊，蒋涤非 . 应用多智能体模型验证中心地理论的空间布局结构 [J]. 地理与地理信息科学，2016，32（11）：18–24.

[48] 刘小鼎，李瑞敏，刘庆楠等 . 城市公共汽电车中途站人流仿真研究 [J]. 交通信息与安全，2011，29（4）：15–19.

[49] 刘小平，黎夏，艾彬等 . 基于多智能体的土地利用模拟与规划模型 [J]. 地理学报，2006，61（10）：1101–1112.

[50] 刘小平，黎夏，陈逸敏等 . 基于多智能体的居住区位空间选择模型 [J]. 地理学报，2010，65（6）：695–707.

[51] 罗来平，张晶，李佑钢等 . 基于 MAS 的虚拟公共交通环境建模与模拟分析 [J]. 地球信息科学学报，2015，17（5）：583–589.

[52] 罗英伟，汪小林，许卓群 . Agent 技术在分布式 GIS 中的应用研究 [J]. 遥感学报，2003，7（2）：153–160.

[53] 马力，王德. 2010 年上海世博会参观人流模拟的后评估 [J]. 城市规划学刊，2012（2）：9–16.

[54] 宁越敏 . 上海市商业中心区位的探讨 [J]. 地理学报，1984，39（2）：163–172.

[55] 宁越敏 . 上海市区商业中心的等级体系及其变迁特征 [J]. 地域研究与开发，2005，（2）：15–19.

[56] 上海市城市规划设计研究院 . 上海市商业网点布局规划纲要（2009–2020 年）[C]. 上海：上海市商业经济研究中心，2009.

[57] 沈洁，柴彦威 . 郊区化背景下北京市民城市中心商业区的利用特征 [J]. 人文地理，2006，（5）：113–116.

[58] 王德，赵锦华 . 城镇势力圈划分计算机系统的开发研究与应用——兼论势力圈的空间结构特征 [J]. 城市规划，2000，24（12）：37–41.

[59] 王德，张晋庆 . 上海市消费者出行特征与商业空间结构分析 [J]. 城市规划，2001，25（10）：6–14.

[60] 王德，郭洁 . 乡镇合并与行政区划调整的新思路和新方法 [J]. 城市规划汇刊，2002，（6）：72–75+80.

[61] 王德，郭洁 . 沪宁杭地区城市影响腹地的划分及其动态变化研究 [J]. 城市规划

汇刊，2003，（6）：6–11+95.

[62] 王德，叶晖，朱玮等 . 南京东路消费者行为基本分析 [J]. 城市规划汇刊，2003，144（2）：56–61.

[63] 王德，朱玮，黄万枢 . 南京东路消费行为的空间特征分析 [J]. 城市规划汇刊，2004，149（1）：31–36.

[64] 王德，朱玮，农耘之等 . 王府井商业街消费者行为特征分析 [J]. 商业时代，2007，（9）：16–19.

[65] 王德，朱玮，黄万枢等 . 基于人流分析的上海世博会规划方案评价与调整 [J]. 城市规划，2009，33（8）：26–32.

[66] 王德，郭洁 . 高速公路建设对长三角城市势力圈的影响分析——城镇势力圈（网络）分析系统的开发与应用 [J]. 城市规划汇刊，2011，（6）：54–59.

[67] 王德，许尊，朱玮 . 上海市郊区居民商业设施使用特征及规划应对——以莘庄地区为例 [J]. 城市规划学刊，2011，（5）：80–86.

[68] 王德，王灿，朱玮等 . 基于参观者行为模拟的空间规划与管理研究——青岛世园会的案例 [J]. 城市规划，2015，39（2）：65–70.

[69] 王德，周宇 . 上海市消费者对大型超市选择行为的特征分析 [J]. 城市规划汇刊，2002，（4）：46–50.

[70] 吴静，王铮 . 2000 年来中国人口地理演变的 Agent 模拟分析 [J]. 地理学报，2008，63（2）：185–194.

[71] 吴晓军 . 复杂性理论及其在城市系统研究中的应用 [D]. 西安：西北工业大学，2005.

[72] 吴志强，李德华 . 城市规划原理（第四版）[M]. 北京：中国建筑工业出版社，2010.

[73] 仵宗卿，柴彦威 . 论城市商业活动空间结构研究的几个问题 [J]. 经济地理，2000，20（1）：115–120.

[74] 仵宗卿，戴学珍，戴兴华 . 城市商业活动空间结构研究的回顾与展望 [J]. 经济地理，2003，23（3）：327–332.

[75] 许莉 . 机动化背景下的城市商业空间布局优化研究 [D]. 武汉：华中科技大学，2008.

[76] 宣颖颖 . 基于 GIS 的上海市社区型购物中心区位评价研究 [D]. 上海：华东师范大学，2013.

[77] 薛领，杨开忠 . 城市演化多主体（multi–agent）模型研究 [J]. 系统工程理论与实践，2003，23（12）：1–9.

[78] 薛领，罗柏宇，翁瑾 . 基于 agent 的商业中心地空间结构动态模拟 [J]. 地理研究，2010，29（9）：1659–1669.

[79] 严慧慧 . 大城市簇群式发展背景下的商业空间结构优化研究——以武汉市为例 [D].

武汉：华中科技大学，2010.
[80] 杨遴杰．零售型电子商务企业配送中心选址模拟研究 [J]. 经济地理，2003，23（1）：97–101.
[81] 袁良，危辉，白宇等．基于多主体系统和 GIS 的城市人口增长仿真方法 [J]. 计算机工程，2008，34（10）：266–268.
[82] 余沛，杜文，蒋海峰．基于 Multi–Agent 的城市道路平交口混合交通流动态模拟与实现 [J]. 公路交通科技，2010，27（10）：128–132.
[83] 张飞舟，曹学军，孙敏．基于多智能体的城市交通集成控制系统设计 [J]. 北京大学学报（自然科学版），2008，44（2）：289–292.
[84] 张文忠，李业锦．北京城市居民消费区位偏好与决策行为分析——以西城区和海淀中心地区为例 [J]. 地理学报，2006，61（10）：1037–1045.
[85] 周淑丽，陶海燕，卓莉．基于矢量的城市扩张多智能体模拟——以广州市番禺区为例 [J]. 地理科学进展，2014，33（2）：202–210.
[86] 朱枫，宋小冬．基于 GIS 的大型百货零售商业设施布局分析——以上海浦东新区为例 [J]. 武汉大学学报（工学版），2003，36（3）：46–52.
[87] 朱华华，闫浩文，李玉龙．基于 Voronoi 图的公共服务设施布局优化方法 [J]. 测绘科学，2008，33（2）：72–74.
[88] 朱玮，王德，齐藤参郎．南京东路消费者的入口消费行为研究 [J]. 城市规划，2005，29（5）：14–21.
[89] 朱玮，王德，齐藤参郎．南京东路消费者的回游消费行为研究 [J]. 城市规划，2006，30（2）：9–17.
[90] 朱玮，王德．南京东路消费者的空间选择行为和回游轨迹 [J]. 城市规划，2008，32（3）：33–40.
[91] 朱玮，王德，Timmermans，H. 多代理人系统在商业街消费者行为模拟中的应用——以上海南京东路为例 [J]. 地理学报，2009，64（4）：445–455.
[92] 朱玮，王德．基于多代理人的零售业空间结构模拟 [J]. 地理学报，2011，66（6）：796–804.
[93] 朱玮，陈懿慧，王德．基于多代理人模拟的上海市域零售业中心体系研究 [J]. 上海城市规划，2014，（1）：109–115.